森林报·夏

[苏联] 维塔里·瓦连季诺维奇·比安基/著

童趣出版有限公司编译　　人民邮电出版社出版

北　京

图书在版编目（ＣＩＰ）数据

森林报. 夏 /（苏）维塔里·瓦连季诺维奇·比安基
著；童趣出版有限公司编译. — 北京：人民邮电出版
社，2022.3
（童趣文学：经典名著阅读）
ISBN 978-7-115-58503-5

Ⅰ. ①森… Ⅱ. ①维… ②童… Ⅲ. ①森林—少儿读
物 Ⅳ. ①S7-49

中国版本图书馆CIP数据核字(2022)第012045号

著：〔苏联〕维塔里·瓦连季诺维奇·比安基

责任编辑：郭　品
执行编辑：林乐蓓
责任印制：李晓敏
改　　写：武陵人
美术设计：北京绵绵细语文化创意有限公司

编　　译：童趣出版有限公司
出　　版：人民邮电出版社
地　　址：北京市丰台区成寿寺路 11 号邮电出版大厦（100164）
网　　址：www.childrenfun.com.cn
读者热线：010-81054177
经销电话：010-81054120

印　　刷：三河市兴达印务有限公司
开　　本：685mm×960mm 1/16
印　　张：12.5
字　　数：135 千字
版　　次：2022 年 3 月第 1 版　2024 年 4 月第 2 次印刷
书　　号：ISBN 978-7-115-58503-5
定　　价：21.80 元

序　言

　　教育部颁布的《义务教育语文课程标准（2022年版）》（以下简称"新课标"）中提出，"要激发学生读书兴趣，要求学生多读书、读好书、读整本书，养成良好的读书习惯，积累整本书阅读的经验"。

　　作为"新课标"第一套示范教材，由教育部直接组织编写的2016年版语文教材（以下简称"部编本"语文教材）做出了两个重要改变：适当减少精读精讲的比例，避免反复操练知识点；名著阅读重在"一书一法"，积累读书方法，摒弃僵化的"赏析体"。

　　在"新课标"的纲领和"部编本"语文教材的示范下，本套"童趣文学 经典名著阅读"丛书包含"新课标"建议阅读书目，覆盖义务教育学龄段，践行感悟式阅读、综合性点拨，帮助孩子全面提升语文素养。

　　选本充分体现经典性、可读性和文学性，并且注重多样化，力求做到古典文学与现当代文学、中国文学与外国文学兼顾。在体裁方面，也追求丰富多样，童话、寓言、诗歌、散文、小说、传记、杂文等均包含在内。

　　中国现当代文学名著均为原版呈现，并首次整理《附表》，将书内异于现代汉语使用规范的汉字单独列出，使孩子既能品读名著的原汁原味，又能巩固字词的最新规范用法，"鱼与熊掌"兼得。

体例上，在正文之外，设置"走近文学大师""走近文学作品""导读""阅读感悟""自我检测题"等板块。其中，"走近文学大师""走近文学作品"尤为翔实生动，围绕作品进行立体式内容延伸，重点讲解作品知识和文化常识，运用多种新颖直观的图解整合内容，避免空洞的概念陈述。比如，"作者简介"内容翔实丰富，"一生足迹"采用思维导图，作品特色介绍采用关键词索引，等等。形式贴合内容，读来走心不吃力。"自我检测题"不走题海战术，不与模式化考题重复，以阅读策略为主线设计习题，真正做到"一书一法"，以方法统领知识点。

名著正文中的注解，参照《义务教育语文课程常用字表》《现代汉语词典》，对生僻字词、相关的历史和文化知识等，做了准确精要的注释。名著正文中标注出曾入选语文教材的章节和值得重点品读的段落，引导孩子把握精读和泛读的节奏，点到为止，不以模式化的解读来代替孩子的体验和思考。

期望能通过这套丛书中富有东方审美意味的插图和版式，为孩子营造亲切的母语氛围；通过完备的体例和灵活的点拨，让孩子发现经典作品的内在美；通过千百年来流传的大师作品，帮助孩子找寻奇妙时空里的对话者，在阅读中快乐成长。

插图一

根据凶手在树干上、地面上留下的凌乱不堪
的爪印，我们终于判断出凶手就是来自我国北方
森林的"豹子"，残忍凶猛的"林中大猫"——
猞猁。

她双脚踩在沾满露水的草丛上，像小鹿一样欢欣鼓舞。忽然，她脚底一滑，立刻痛得大叫起来。原来，她的一只赤裸的脚丫被某个坚硬的刺戳得流血了。

我在一个大玻璃罐里铺了细沙和小石子儿，装了草和水，把蜥蜴养在里面。我每天都更换玻璃罐里的材料，还用苍蝇、甲虫、幼虫、蜗牛等食物喂食它。

只是，今天似乎有些反常，雄燕子和雌燕子
都忙碌了起来，不停地飞进飞出。雄燕子的口中
衔着一片白色的蛋壳，看来是小燕子出生了。

最近，绵羊妈妈心事重重，它们很担心自己的孩子要被集体农庄的庄员们牵走了。

插图六

白天，小海鸥在大海鸥的带领下学习飞行、游泳和捉小鱼。大海鸥一边教小海鸥生存的本领，一边还要时刻警惕敌人，保护小海鸥的安全。

插图七

夜晚，闪电悄无声息地照亮了整个森林，电光瞬息即逝。

插图八

这时，一只黄色柳莺突然惊慌失措地叫了起来。啾唷！啾唷！所有的黄色柳莺立刻警觉起来。原来，树底下有只凶恶的白鼬正沿着树干往上攀爬。

目录

走/近/文/学/大/师

维塔里·瓦连季诺维奇·比安基

作者简介

维塔里·瓦连季诺维奇·比安基（1894—1959 年），苏联儿童文学作家、动物学家。在他 30 多年的创作生涯中，写过大量科普作品、小说和童话。作为苏联大自然文学的代表作家之一，比安基被誉为"发现森林第一人""森林哑语的翻译者"。他在作品中不仅教少年读者们认识森林的动物和植物，详细地描绘了动物的生活习性、植物的生长情况，还教少年读者们观察、比较和思考，做一个森林的观察者和保护者。

《森林报》是他的代表作，已被译成多种语言在英国、法国、德国、日本和中国等多个国家和地区出版，目前已经有 30 多个版本，畅销 60 多个国家。比安基多年患有半身不遂症，在逝世前他仍然坚持写作，还专门为中国的小读者写了不少作品，是中国小读者的好朋友。除此之外，他创作的《少年哥伦布》《写在雪地上的书》《无所不知的兔子》等同样深受广大读者的喜爱。

一生足迹

1894年
出生于俄国，他的父亲是一位著名的自然生物学家，从小受家庭熏陶，他对大自然产生了浓厚的兴趣。

1913年
成年后，他在乌拉尔河阿尔泰山区一带旅行，沿途详细记录了所看到、听到和遇到的一切。

1921年
积累了大自然旅行的日记素材，决定当一名作家，开始创作科学童话、科学故事、打猎故事。

1927年
《森林报》出版，比安基正式走上文学创作道路。

1957年
作品集《森林中的真事和传说》出版。

1959年
患脑溢血逝世。

1961年
《森林报》已再版10次，每次再版都增加一些新栏目。

作者关键词→

·父亲的陪伴

比安基的父亲是一位著名的自然生物学家，家里养着许多飞禽走兽。受父亲及这些终日为伴的动物朋友的影响，他从小就对大自然的奥秘产生了浓厚的兴趣。比安基还是一名少年时，就喜欢到科学院动物博物馆去看标本，跟随父亲去山上打猎，在很小的时候，他就开始自己打猎了。每逢假期他还会跟家人去郊外、乡村或者海边居住。在那里，父亲教会他怎样根据飞行的模样识别鸟类，根据脚印辨别野兽。

·勇敢的森林之旅

比安基一生的大部分时间都消磨在森林里。他总是随身携带着猎枪、望远镜和笔记本，走遍一座又一座森林。成年后，他开始在乌拉尔河阿尔泰山区一带旅行，沿途详细记录了他所看到、听到和遇到的一切。27岁的时候，他已经积累了一大堆日记。后来，比安基决定当一名作家。于是，他开始创作，写科学童话、科学故事、打猎故事……他很擅长在别人看起来普通和平凡的事物中发现新鲜事物。他的童话、故事和小说，为小读者展现了一幅幅栩栩如生的自然图景。

如今，我们生活在钢筋水泥的城市中，对大自然越来越陌生，在森林、河流、湖泊里生活的动物、植物也离我们越来越远。《森林报》恰恰为我们展示了远离人类干扰的大自然生活的原貌，那里隐藏着无穷无尽的奥秘，它们被作者一一揭开。自然生活并非我们想象的那么平静、有序，它们是热闹且生机勃勃的，即便是植物，也在一年四季有不同的生命写照。

　　作者比安基的描写，让大自然的四季拥有了自己的色彩。阅读《森林报·夏》，就仿佛置身于森林深处，让读者重新感受到自然的生命力。

走 / 近 / 文 / 学 / 作 / 品

《森林报·夏》

内容简介

　　《森林报》是苏联作家维塔里·瓦连季诺维奇·比安基的代表作，他擅长以轻快幽默的笔调来描写动植物的生活，在《森林报》中，作者采用报刊的形式，以春、夏、秋、冬的 12 个月为序，分层别类地报道森林的新闻，本书是《森林报》的分册《夏》，记载了森林里夏天的新闻事件，其中有森林中的大事记，也有集体农庄及城市的新闻报道，内容丰富，将动植物的生活表现得栩栩如生，引人入胜，堪称"大自然的百科全书"。

经典角色

狐狸

狐狸生活在森林、草原、半沙漠、丘陵地带，居住于树洞或土穴中，傍晚出外觅食，到天亮才回家。它们灵活的耳朵能对声音进行准确定位，嗅觉灵敏，修长的腿能够快速奔跑，所以主要以老鼠、鸟儿、昆虫等小型动物为食，有时也采食一些植物。

狐狸还是十分狡猾的动物，在《狐狸占獾巢》中，狐狸想借住在獾的家中，可是獾对住客要求十分严格，不同意狐狸的请求。于是狐狸就想了一个办法，狐狸知道獾爱干净，它就趁着獾离开家的时候，把獾的家弄得臭气熏天，獾只好把家让出来了。

蝾螈

蝾螈身体丰满，呈圆筒形，与爬行动物蜥蜴很像，拖着一条长而扁的尾巴。它们的皮肤潮湿润泽，且有黏性，身体颜色异常鲜明，或长着明显的斑纹，或有鸡冠样的突起。蝾螈的四肢较短，脚上无蹼。成年的蝾螈有眼睑而且能动，但幼年的蝾螈没有眼睑。

蜥蜴有断尾再生的本事，蝾螈也有断尾再生的本事。蜥蜴的尾巴断了可以重新长出一条新的尾巴，蜥蜴的腿断了也可以再长出一条新的腿。蝾螈在这方面有过之无不及，只是它们有时会出岔子：在断尾的地方长出腿，在断腿的地方长出尾巴。

蜉蝣

蜉蝣具有古老而特殊的形状，是最原始的有翅昆虫，也被称作"一日虫"，因为它们的寿命极其短暂，只有一天。它们十分珍惜这短暂的时光，尽情地在空中舞蹈，享受生命的欢乐。

一整天它们都在阳光下跳舞，如同片片雪花在空中飞舞。雌蜉蝣时而落到水面上，把它们那小小的卵产在水里。

　　雌蜉蝣产的卵会孵化成幼虫。幼虫又将在黑暗的湖底待上三年，一千多个日夜，而后享受着短短一天的生命，在湖水的上空翩翩起舞。

 **作品关键词→**

·妙趣横生的科普作品

科普作品以文字为载体，旨在用通俗的语言向大众普及科学知识。《森林报·夏》以动物学、植物学、物候学、地理学等科学知识为依托，具有相当的专业性，反映了俄罗斯地区的动植物在夏季的活动与变化，书中还提供了大量观察和研究自然的方法，并附录了许多有趣的科学问答题，堪称"大自然的百科全书"。

作为一部经典的科普著作，《森林报·夏》借助童话体裁，赋予动植物以人的情感与思维，生动地将动植物的活动栩栩如生地呈现了出来，这在一定程度上冲淡了科普著作本身的枯燥感，贴合了儿童的阅读趣味。童话常采用拟人的手法，具有语言通俗生动、故事情节离奇曲折、引人入胜等特点。而《森林报·夏》中的动植物大多都被"人格化"了，拥有自身的思维方式与情感。此外，书中也有大量充满想象力的故事，如出现在森林中的神秘夜行"大盗"，它不仅伤害了小兔子，还试图袭击体形庞大的驼鹿，惊险的情节扣人心弦，增强了科普著作的故事性。

·新颖有趣的报刊形式

《森林报》是一本图书，但它采用报刊的形式，以一月一期的方式来编排新闻，这样，它就有了报刊所具备的新鲜、快捷、活泼、通俗的特质。而《森林报·夏》主要报道的是夏季森林中的新闻，每一期都会刊登编辑部的文章、驻林地记者的电报和信件，还有关于森林的故事，以及集体农庄和城市的新闻报道。此外，《森林报·夏》的栏目也非常丰富，如"天南地北无线电通报"专门刊发来自各地的报道，"公告栏"则向全体读者征聘优秀的、跟踪能力强的"火眼金睛"。每期故事的最后还设置了"打靶场"，刊登一些图文并茂的知识竞猜题，各种各样的问题不仅增强了趣味性，也能有效地检测小读者们的阅读效果，力图让他们对自然界有准确而客观的认识。通讯报道的形式与栏目便于事件的追踪，同时能让森林中的故事更有现场感，而征聘与游戏等栏目则增强了图书的趣味性与互动性，有利于培养小读者的动脑和动手能力。

· 关爱自然的人文精神

作为一部科普作品，《森林报·夏》全书贯穿着尊重自然、热爱自然的人文精神。普通报纸上刊登的一般都是关于人类、关于城市的新闻，关于森林、关于自然的报道较少。而《森林报·夏》则聚焦于森林中的故事，通过驻林地记者的实地观察，将森林里发生的形形色色的趣闻记录下来，呈现给小读者。

比安基将自己的人文精神倾注在对自然万物的书写中，在他的笔下，大自然的飞禽走兽、一草一木都洋溢着生机勃勃的力量，人与自然万物的关系和谐而有序，体现了他尊重自然、敬畏自然、关爱自然的人文精神。这种精神也通过文字传递给小读者们，使他们学会主动观察自然，了解大自然的动植物，熟悉它们的生活习性，研究它们的生活，有利于小读者们从小开始培养尊重自然、热爱自然的精神，成为珍惜爱护大自然的人。

作品三部曲

·主题思想

《森林报·夏》全书以夏季月份为顺序，有层次、有类别地向我们真实生动地描绘出发生在森林里的新闻，其中既有森林趣事，也有农庄新闻、城市报道，以新鲜、活泼而又充满了生命力的语言，描绘了一个多姿多彩的大自然。这部科普作品在展示充满活力、充满乐趣的森林世界的同时，也让小读者们的心更加贴近自然，使小读者们学会思考当下的生态环境，思考人在自然中的位置，思考人与动物、人与植物、人与自然的关系，堪称增强环保意识和生态意识的课外读物。

·写作特色

作为一部科普作品，《森林报·夏》读起来并不枯燥，这归因于比安基独特的创作手法。《森林报·夏》以报刊的形式来报道森林中的新闻，以新颖的形式来编排内容。此外，比安基还以幽默活泼、通俗生动的语言展示了以苏联范围内的动植物为代表的多姿多彩的自然王国，书中多用拟人、比喻、对比等修辞手法来描写森林中的动植物，赋予它们与人类一样的喜怒哀乐的情感，用浪漫的手法编织了一个生动多彩的大自然。

·作品影响

《森林报》作为闻名世界的科普作品，自1927年问世以来，在不到四十年的时间里再版过十次，并且被翻译成多国语言，在全世界都广受关注与好评。作为一部经典的儿童科普读物，《森林报》以新颖的报刊形式、专业的科学知识、生动的语言表达、童话般的叙述风格受到小读者的喜爱，经久不衰。书中最具价值的部分之一便是作者将自然科学价值与人文价值结合起来，让小读者们学会思考人与自然的关系，集知识、趣味、美感和思想于一体。

经典语录

◎浮萍在池塘里自由自在地漂着，优哉游哉。它四处为家，什么也不能束缚它。每当有野鸭从它身边游过时，浮萍就紧紧地挂在野鸭的脚掌上，随着野鸭从一个池塘游到另一个池塘。

◎集体农庄的庄员们正忙着割草，有的用镰刀割，有的用割草机割。割草机在草场驶过的时候，挥动着光秃秃的臂膀，发出轰隆隆的声响，接着，一排排鲜嫩的青草应声倒下，散发出浓烈的青草香。

◎我最喜爱铃兰花了，它的花朵如白瓷般洁白无瑕，它的绿茎韧性十足，它的叶子细长柔嫩，它的香气清幽绵长、回味无穷！在我看来，它是那么高洁、那么富有生机！

◎一，二，三！一阵风吹来，小蜘蛛迎风跃起，它飞了起来！成了一名飞行员！小蜘蛛像一艘小飞艇一样在半空飞行，飞过草地，飞过灌木丛。这个小飞行员往下观望着，是时候解开身上的细丝找地方着陆了，到底在哪儿降落比较好呢？

◎蜉蝣被称作"一日虫"，因为它们的寿命极其短暂，只有一天。它们十分珍惜这短暂的时光，尽情地在空中舞蹈，享受生命的欢乐。一整天它们都在阳光下跳舞，如同片片雪花在空中飞舞。雌蜉蝣时而落到水面上，把它们那小小的卵产在水里。

阅读拓展

比安基从小就向往大自然，成年后他勇敢地踏进大自然深处，仔细观察，坚持记录所看到的动物和植物。凭着他这股毅力和对森林的好奇心，才有了《森林报》。

对大自然感兴趣的你，除了《森林报》，还可以阅读法布尔的《昆虫记》，昆虫学家法布尔与比安基一样，从小对大自然有着极大的兴趣，他用了30年来完成《昆虫记》。《昆虫记》被誉为"昆虫的史诗"，这本书对多种昆虫的特征、习性、本能和种类进行了生动详尽的描写，是一本严谨且精彩的观察手记。

森林报 第四期

夏一月：筑巢孕育月

6月21日—7月20日 太阳进入巨蟹座

导读

夏天来了，一年中最长的白昼也来了。花儿竞相开放，草儿茁壮成长。在筑巢孕育月，动物凭借自己的智慧和勤劳建造房子，它们的房子形状各异、多种多样。许多鸟儿也产下了蛋，开始孵化新生命了。这是属于夏天的生命力。

一年——分 12 个月谱写的太阳诗篇

6月，玫瑰花竞相开放，候鸟完成了迁徙，夏天开始了。现在的白昼是一年中最长的，在遥远的北方还出现了极昼现象，太阳全天无休地高挂着，完全没有了黑夜。湿漉漉的草地上开满了驴蹄草、六月菊、毛茛的花儿，它们将草地染得金灿灿。

在这个季节里，勤劳的人们早早地起身，他们在阳光灿烂的时候去采集那些有药用价值的花、茎、根做成药材，以备不时之需——生病的时候，能将这些植物储存的有益元素转到自己的身上。

6月22日，夏至日——一年中白昼最长的一天，就这样过去了。

夏至过去以后，白昼开始渐渐变短。尽管白昼变短的速度非常缓慢，就像春光增加的速度一样慢，但是人们不免还是有一种稍纵即逝的感觉！人们纷纷感叹："夏天已经透过篱笆缝，羞涩地探出头了……"

所有鸟儿都筑好了巢，所有巢里都有不同颜色的蛋。那些纤弱的小生命会从薄薄的蛋壳下钻出来，慢慢地生长、发育，长成各种颜色的鸟儿。

动物们各有各的家

导读

　　森林里，动物们都忙着建造自己的房子，它们的房子各不相同。有的动物把房子建在舒适的地方，有的动物自己不建房子反而寄居在别的动物家里，还有的动物住在"集体公寓"里。还有哪些动物建造了有趣的房子？快往下阅读吧！

　　筑巢孕育的季节到了，林中居民们早就给自己盖好了房子，这些房子各式各样，有的精美，有的简陋。

　　《森林报》的记者决定去考察一下，看看那些飞禽、走兽、游鱼、虫儿都住在哪里，它们的衣食住行情况如何。

好房子

动物们将整个森林都住满了，不管是地上还是地下，不管是空中还是水里，不管是树枝上还是草丛中，一点儿空地都不剩。

黄鹂把房子盖在半空中，它们用亚麻、草茎和羽毛等材料编成像篮子形状的房子，架在高高的白桦树树枝上。房子十分稳固，当风吹得树枝摇晃的时候，房子中的鸟蛋都不会掉下来！

百灵鸟、林鹨、鸫和一些其他鸟儿把房子盖在草丛中。我们的记者最喜欢柳莺用干草和干苔藓做成的房子，房子有一个屋顶，侧面还有一扇小门，就像艺术品一样精美。

鼯鼠、木蠹曲、蠹虫、啄木鸟、山雀、椋鸟、猫头鹰和其他鸟儿把房子盖在树洞里，这样既实用又安全。

鼹鼠、田鼠、獾、灰沙燕、翠鸟和各种昆虫把房子盖在地底下。

䴙䴘[1]的房子是用沼泽中的水草、芦苇和水藻堆成的，

---

[1] 䴙䴘（pì tī）：一种水鸟，羽毛松软，嘴细直而尖，翅膀短圆，脚趾长有瓣状蹼，能飞却不善于飞。除两极和大洋中的岛屿外，全球各地均能见到其身影。

像一块漂浮在水面上的木筏。鹣鹣就像乘木筏一样，在水面上漂来漂去。

河榧子[1]和银色水蜘蛛则把小小的房子建在水底下。

谁的房子最好

我们的记者想选出一所最好的房子，然而要选出哪所房子最好，可不是一件容易的事！

鸟儿的房子中要属雕的房子最大、最宽敞，它是用粗树枝搭成的，架在又高又粗的松树上。黄头戴菊鸟的房子最小，就和拳头一样小。戴菊鸟的个头儿也十分袖珍，它比蜻蜓还要小！

田鼠的房子最复杂，像迷宫一样，有许多备用的通道和出口，谁也别妄想能在它的房子里捉住它。

卷叶象鼻虫的房子最精致。卷叶象鼻虫是一种有长吻的甲虫，它先将白桦树叶的叶脉咬掉，等叶子枯萎的时候，它就把叶子卷成长筒状，再用自己的唾液把叶子粘起来。雌虫将会在这长筒状的小房子里产卵。

---

[1] 河榧（fěi）子：一种昆虫，喜欢生活在小溪的底部。

"领带鸟"勾嘴鹬和昼伏夜出的夜莺的房子是最简单的。勾嘴鹬直接把蛋产在沙滩上，夜莺则干脆把蛋产在树下那些枯叶堆里。这两种鸟儿都不肯花心思和力气去盖房子。

反舌鸟的房子是最美观的。它把自己的房子建在白桦树的树枝上，用苔藓和轻巧的白桦树皮来装饰。此外，它还会去别墅花园里捡一些五颜六色的碎纸屑放进房子里装饰。

长尾巴山雀的房子最舒适。长尾巴山雀有个绰号叫"汤勺子"，因为它的身体像一枚舀汤的大勺子。它的房子内部垫着绒毛、羽毛和兽毛，房子外部包着苔藓和地衣。房子的形状像个圆滚滚的小南瓜，在房顶的正中间还有个小小的、圆圆的入口。

河榧子幼虫的房子最轻便。河榧子是一种长有翅膀的昆虫，一般情况下，它会收拢翅膀，遮住整个身体。但河榧子的幼虫是没有翅膀的，它的幼虫身体光溜溜的，无以蔽体。它们通常会选择在小河或小溪的底部安家。河榧子的幼虫会寻找一种跟自己脊背长度差不多的细枝或芦苇秆儿，再用小沙粒在上面粘一个小圆筒，粘好后就可以钻进去美美地睡上一觉。等它睡醒了想伸伸腿，就把前腿伸出来，背着自己轻便的小房子在河底溜达！我们甚至还曾见过一只河榧子的幼虫，钻进一根香烟的过滤嘴儿里，背着香烟过滤嘴儿到处走动。

银色水蜘蛛的房子最奇怪。这种蜘蛛住在水底，在密密麻麻的水草间织了一张蜘蛛网，用它那毛茸茸的肚皮制造出一些气泡，放在蜘蛛网下面。水蜘蛛就在这种有空气的小房子[1]里居住。

还有谁会盖房子

我们的记者还找到了刺鱼和野鼠的房子。

刺鱼为自己建造了一个实用的房子。建造工作由雄刺鱼来执行。雄刺鱼在盖房子时，会优先选择那些分量较重的草茎，这些草茎即使放到河底也不会漂浮上来。雄刺鱼将草茎固定在河底的泥沙里，用唾液把它们粘在一起，变成墙壁和天花板，再用苔藓把那些小窟窿堵上，留下两扇小门，一个完整的房子就建成了。

---

[1] 小房子：水蜘蛛用蛛丝盖出一个杯状的小房子，使其倒挂在水草的梗上，又从水面上把空气灌进房子里，将房子里的水排出去。它就可以在这种有空气的小房子里居住了。

野鼠的房子是模仿鸟儿的房子建造的。它们用草叶和撕得细细的草茎编成自己的房子，编好后它们会把房子架在刺柏树的树枝上，距离地面约两米高。

动物选择什么材料盖房子

森林里的动物们盖房子的材料可谓五花八门。

鸲鸟的房子是圆形的，它像人类用洋灰粉刷墙壁那样，用木屑的胶质物涂抹房子的内壁，使整个房子焕然一新。

家燕和金腰燕的房子是用烂泥做成的，它们用自己的唾液把泥房子粘得十分牢固。

黑头莺用轻而黏的蜘蛛网将细树枝粘起来建自己的房子。

鳾是一种奇特的鸟儿，它能头朝下地在笔直的树干上奔跑。它的房子在大大的树洞里，为了防止松鼠骤然闯入，它们还会用胶泥将洞口封起来，只留一个勉强能容自己通过的小口子。

羽毛蓝绿相间、腹部夹杂着咖啡色斑纹的翠鸟，它的房子也建造得很独特。它们会先在河岸挖一个深洞，接着在深洞里铺上一层细鱼刺当作床垫。这个鱼刺床垫还很柔软。

租住别人的房子

森林里那些不会盖房子，或者懒得盖房子的小动物们，就会租住在别人的房子里。当然，它们是不会交房租的。

杜鹃会把蛋产在鹡鸰、知更鸟、黑头莺和其他善于建房子的鸟儿家里。

黑勾嘴鹬会寻找一个被乌鸦弃置的房子，它们会在里面孵幼鸟。

鲍鱼很喜欢水底沙堆上那些被遗弃的虾洞，这些虾洞已经没有房主了，鲍鱼就在那些虾洞里产卵。

我们的记者曾在森林里见到一只麻雀，它盖房子的本事令人惊叹。它先是把房子盖在屋檐下，结果被淘气的孩子们捣毁了。而后，它又把房子建在了树洞里，不料它的麻雀蛋都被伶鼬偷走了。于是，这只麻雀就把房子建在雕的大房子里了。雕的大房子由粗树枝搭建而成，麻雀的房子就建在这些粗树枝的空隙间，隐蔽而又宽敞。

现在，麻雀终于不用再颠沛流离了。庞大的雕根本不会注意到这小小的鸟儿。至于伶鼬、猫、老鹰，还有淘气的孩子们，都不敢来动雕的大房子，所以麻雀的小房子自然是安全的！

集体公寓

我们的记者还发现森林里还有集体公寓呢！

有些动物在集体公寓里，过着群居生活，蜜蜂、大黄蜂、丸花蜂和蚂蚁就是其中的代表，它们的房子可以住得下成百上千的房客。

群居的秃鼻乌鸦将果园、小树林当作自己的领地；鸥鸟的领地是沼泽、沙岛和浅滩；灰沙燕则在陡峭的河岸上凿出许多小洞，在小洞里栖息。当它们起飞的时候，场面十分壮观。

形状各异的鸟蛋

每个鸟儿的房子里都有鸟蛋，不同的鸟儿产不同的鸟蛋，这些鸟蛋大小不一、形状各异。

歪脖鸟的鸟蛋是白中透着粉红色，勾嘴鹬的鸟蛋上则布满了大小不一的斑点。

歪脖鸟的鸟蛋产在又黑又深的树洞里，不会轻易被发现。勾嘴鹬的鸟蛋直接产在草墩上，完全暴露在外。如果勾嘴鹬的鸟蛋是白色的，自然就容易被发现。但勾嘴鹬的鸟蛋是绿色的，与草墩的颜色十分接近，不容易被发现，没准儿还会被谁一脚踩上去。

野鸭也把蛋产在草墩上，它的蛋是白色的，很容易暴露。所以野鸭离开草墩之前，它都会啄下一些腹部的绒毛覆盖在蛋上，这样一来，蛋就不那么容易被发现了。

为什么勾嘴鹬的鸟蛋有一头是尖的，而兀鹰的鸟蛋却是圆的呢？

道理其实很简单：勾嘴鹬个头儿很小，兀鹰的个头儿很大，足足比勾嘴鹬大五倍。但是勾嘴鹬的鸟蛋却不小，与兀鹰的鸟蛋相差无几。勾嘴鹬的鸟蛋有一头是尖的，方便多个鸟蛋紧靠在一起，不占太多空间。不然的话，勾嘴鹬那小小的身躯怎么能覆盖住那么多鸟蛋呢？

那为什么勾嘴鹬的鸟蛋与兀鹰的鸟蛋差不多大呢？

关于这个问题，我们会在下一期的《森林报》里回答。

阅读感悟

　　动物的房子千奇百怪，形状各异。其中麻雀的房子是最神奇的，麻雀在几次建房子失利后，它机智地搬到了雕的房子的空隙里，获得了安全的居住空间。在我们遇到困难时，也应该像麻雀那样懂得随机应变，转换自己的思维来解决困难。

林中大事记

导读

　　森林中总在发生着各种各样有趣的故事，夏天的森林中我们会看到居无定所的浮萍、会变戏法儿的花，还有辛勤建房子的燕子等，它们都充满勃勃生机。森林中还出现了神秘的夜行"大盗"，夜行"大盗"是哪个动物呢？

狐狸占獾巢

　　狐狸最近遭了殃，洞里的天花板突然掉了下来，差点儿把它的孩子砸死。狐狸心中叫苦不迭，这次非要搬家不可了。

　　狐狸去了它的老邻居——獾的洞中，想在那儿借住一段时间。獾的洞是它自己亲手挖的，建造得很好，有很多个出入口，通道纵横交错，可以应对敌人的突袭。獾的洞很宽敞，容纳狐狸和獾两个家庭绝对没问题。

狐狸央求獾分给它一间屋子住，獾一口拒绝了。獾是个爱整洁的房东，对房客首要的要求就是干净、整洁，像狐狸这样的邋遢鬼怎么能符合它的要求呢？何况，狐狸还拖家带口，带着小狐狸呢！

獾不由分说地把狐狸赶了出去。

狐狸心中愤愤难平，暗暗发誓一定要把这个洞据为己有。它假装钻进了森林，实则悄悄地躲到灌木丛后，静静等候着獾出洞。

獾从洞里探出头，朝外面张望了一阵，以为狐狸已经走了，就爬出洞来，去森林里找蜗牛吃了。

等獾走远了，狐狸一溜烟儿钻进獾洞，在獾洞里撒了许多尿，把洞里弄得臭气冲天，而后兴高采烈地溜走了。

獾回家一看：天哪！洞里怎么这么臭！爱整洁的它可受不了这种味道，它气愤地到别的地方挖洞了。这可正中狐狸的下怀，它把小狐狸们都叼进洞里，霸占了这个宽敞又舒适的獾洞。

有趣的植物

整个池塘都漂着浮萍。有些人称浮萍为苔草，其实它们是不一样的。浮萍是一种十分独特、有趣的植物，它的根部细小，绿色的小圆片儿浮在水面上，小圆片儿上有椭圆形的凸起。这些小圆饼一样的凸起就是浮萍的茎和枝。浮萍没有叶子，也极少开花。但它也没有开花的必要，它繁殖起来又快速又便捷，只需从圆茎上脱落一个小圆饼似的枝，一株浮萍就变为两株了。

浮萍在池塘里自由自在地漂着，优哉游哉。它四处为家，什么也不能束缚它。每当有野鸭从它身边游过时，浮萍就紧紧地挂在野鸭的脚掌上，随着野鸭从一个池塘游到另一个池塘。[1]

——尼·巴甫洛娃

会变戏法儿的花

在草场和森林中的空地上，矢车菊开出紫红色的花，它们总让人联想起伏牛花，因为它们有个共同点——都会变戏法儿。

矢车菊的花不是一朵朵的，而是由许多花序组成的。那些犄角似的漂亮小花，都是无实花。真正的花长在中间的位置，是深紫红色的小管。这些小管里，有一根雌蕊和数根会变戏法儿的雄蕊。

只要碰一下那些紫红色的小管，它们就会歪倒在一旁，从小管里的小孔中冒出一小团花粉。过一会儿，再碰一下那些紫红色的小管，它们又会歪倒在一旁，从小管里的小孔中再冒出一小团花粉。

它就是这样变戏法儿的！

这些花粉会物尽其用。如果有昆虫向矢车菊要花粉，

---

[1] 本书加"～～～"段落均为经典段落，建议细细品读。

它就会分给昆虫一些。昆虫拿去吃也行，沾到身上也行——只要能把花粉带给另一朵矢车菊，就大功告成了，哪怕只是几小粒花粉。

——尼·巴甫洛娃

神出鬼没的夜行"大盗"

最近，森林里出现了一个神出鬼没的夜行"大盗"，把森林里闹得鸡犬不宁。

每天夜里，森林里总会失踪几只小兔子。森林里的居民——小鹿、黑琴鸡、松鸡、榛鸡、松鼠，个个心惊胆战，没了安全感，总觉得下一个夜里大难临头的就是自己了。无论是灌木丛中的鸟儿、树上的松鼠，还是地下的老鼠，都提心吊胆的，因为"大盗"神秘莫测，有时突然现身于草丛中，有时突然出现在灌木丛里，有时突然爬上树干。而且，"大盗"可能不止一个，而是一大帮呢！

几天前的夜里，雄獐鹿带着雌獐鹿和两只小獐鹿到森林中的空地上吃草。雄獐鹿正站在离灌木丛不远的地方放哨，突然，一个黑影从灌木丛里蹿了出来，径直扑到雄獐鹿的背上。雄獐鹿倒在了地上，雌獐鹿带着两只小獐鹿惊慌失措地逃向森林深处。

第二天天亮以后，雌獐鹿立刻回到森林中的空地上查看，它只看到雄獐鹿的犄角和蹄子。

昨天夜里，驼鹿也遭到了袭击。当时驼鹿正要穿过森林，走着走着，它发现一棵树的树枝上似乎长了个奇怪的大包。

驼鹿的体形大，力气也大，奔跑速度快，还长着一对大犄角，是森林中的莽汉，连熊都不敢轻易去惹它！

驼鹿来到树下，正想抬头一探究竟，突然，一个可怕的、黑乎乎的、无比沉重的东西，快得如闪电一般扑到了它的脖子上。

事发突然，驼鹿被吓坏了，不过它反应机敏，立刻猛晃了一下，把这个沉重的东西从它背上甩开，然后跳起来，夺路而逃。驼鹿最终也没弄明白那个神秘的夜行"大盗"究竟是谁。

森林里没有狼，而且狼也不会上树。那会是熊吗？现在它正在换毛，趴在森林深处懒得动弹，是不可能出现在树上。那么，这个神出鬼没的夜间"大盗"究竟是谁？

到目前为止，真相还没有浮出水面。

不翼而飞的蛋

我们的森林记者在森林里找到一个欧夜鹰的鸟窝，鸟窝里有两枚欧夜鹰产的蛋。当我们靠近这个鸟窝时，欧夜鹰从自己产的蛋上跳下来，飞走了。

我们的森林记者并没有觊觎这两枚蛋，也没有动这个鸟窝，只悄悄地在鸟窝的位置做了标记，就离开了。

等我们的森林记者再次回去看这个鸟窝的时候，发现鸟窝里的两枚蛋已经不翼而飞了。

两天后，我们的森林记者才弄明白，是欧夜鹰把蛋衔到别处了，它担心有人会来捣毁它的鸟窝，偷走鸟窝里的蛋。

勇敢的刺鱼

之前我们提到过，雄刺鱼在水底盖了一个房子。

房子一盖好，雄刺鱼就物色到一条雌刺鱼，把它带回家。雌刺鱼来到房子里，产下鱼子后就马上游走了。

雄刺鱼又会去物色下一条雌刺鱼，紧接着，又物色第三条、第四条，但是最终，这些雌刺鱼无一例外地都离开了它，只留下鱼子给它照料。

雄刺鱼独守着房子，以及房子中那些堆满的鱼子。

河里有很多家伙都在觊觎这些新鲜的鱼子，可怜的小个子雄刺鱼，不得不昼夜不停地守卫着自己的房子，与那些凶猛的水下恶霸搏斗。

不久前，一条贪婪的鲈鱼袭击了雄刺鱼的房子，雄刺鱼勇敢地与之搏斗，它竖起身上的五根刺——脊背上三根，肚子上两根，机智而又敏捷地对准鲈鱼的鱼鳃刺去！

鲈鱼全身都披着坚硬的鱼鳞，像铠甲一般固若金汤，只有鱼鳃没有遮蔽物，是它最薄弱的部位。鲈鱼被雄刺鱼这勇敢的一击吓了一大跳，逃之夭夭了。

谁是凶手

今天夜里，森林里又发生了一起惨案，遇害者是一只生活在树上的松鼠。事发后，我们查看了现场，根据凶手在树干上、地面上留下的凌乱不堪的爪印，我们终于判断出凶手就是来自我国北方森林的"豹子"，残忍凶猛的"林中大猫"——猞猁。[1]

不久前将整个森林的动物们弄得惶恐不安的夜行"大盗"就是它，害死雄獐鹿的罪魁祸首也是它。

此时，小猞猁们已经长大，猞猁妈妈正带着它们在森林中觅食，在树木间跳上跳下。

猞猁夜间的视力与白天的视力一样好，森林里的动物们要是没在睡前躲好，就要倒大霉了！

六只脚的"鼹鼠"

我们的森林记者从加里宁州[2]发来一份报道：

[1] 本书部分经典情节配有插图（正文前）。此段见插图一。
[2] 加里宁州：今"特维尔州"。

"为了体育锻炼，我准备在地上立一根杆子。在掘土的时候，我挖掘出一只小野兽，它的前脚有脚爪，背上有两片翅膀似的薄膜，身上长着又短又密的棕黄色细毛。它身长五厘米，外型既像黄蜂，又像鼹鼠。不过它有六条腿，由此可见，它是一种昆虫。"

编辑部的答复：

没错，它的确是一种昆虫，这种独特的昆虫就是蝼蛄。蝼蛄的外形的确有点儿像鼹鼠，因此它有个绰号叫"赛鼹鼠"。它和鼹鼠有很多共同之处，它们都有着有力的前腿，擅长掘土。蝼蛄的两条前腿长得像剪刀一样，当它在地下往来穿梭时，就是靠着这两条剪刀似的前腿来剪除植物的根，为自己清路。而强壮一些的鼹鼠在对付植物的根时，甚至都用不着前腿，只用它那强有力的爪子或锐利的牙齿就足够了。

蝼蛄的上颌长着一副像牙齿一样的锯齿状薄片。

蝼蛄大半辈子都在地下度过，也像鼹鼠一样挖掘地道，产卵，然后在上面堆个土堆，像鼹鼠窝一样。蝼蛄还有一副软大的翅膀，擅长飞行，这是鼹鼠不能及的。

蝼蛄在加里宁州很少见，但在列宁格勒就很常见了。

想找到这种昆虫，就去潮湿的土里找吧！最佳寻觅地是水边、果园或菜园里。你可以用这个方法捉到它：每晚往同一块土里浇水，再用木屑盖住那块湿地。到了半夜，蝼蛄自然会往木屑下的湿地里钻。

英勇的救援者

玛莎一大早就醒了，她胡乱吃了几口早饭后就匆匆忙忙套上一件连衣裙，光着脚丫跑到森林里了。

森林里的山坡上长着许多可口的草莓，玛莎很快就采摘了一小篮草莓，她蹦蹦跳跳地想带回家去。她双脚踩在沾满露水的草丛上，像小鹿一样欢欣鼓舞。忽然，她脚底一滑，立刻痛得大叫起来。原来，她的一只赤裸的脚丫被某个坚硬的刺戳得流血了。[1]

玛莎痛苦地俯下身一看，原来自己踩到一只睡着的刺猬身上了。玛莎惊扰了刺猬的美梦，它蜷缩着身子，呼呼

---

[1] 见插图二。

地喘着粗气。

玛莎疼得哭了起来，继而坐在身旁的草丛里，用裙子擦拭着脚上的鲜血。一旁的刺猬不喘了，正瞪着眼睛惊恐地望着玛莎。

这时，一条大灰蛇径直朝玛莎爬了过来。这条大灰蛇的背上生着黑色条纹，十分可怕，它是一条有毒的蝰蛇！玛莎吓得浑身瘫软，蝰蛇吐着舌头，散发着腥臭味，向玛莎靠近。

说时迟那时快，刺猬挺直身子，向蝰蛇奔去。蝰蛇也迅速挺直上半身，像一条挥舞着的鞭子朝刺猬抽去。刺猬敏捷地竖起浑身的尖刺，迎战蝰蛇。蝰蛇惊恐不已，咝咝地狂叫，转身欲逃。刺猬猛地扑到蝰蛇身上，像钉子一般钉在蝰蛇背上，并从后面咬住了它脑袋后的部位，用爪子扑打它的背。

这时，玛莎才回过神来，一骨碌爬起身，急忙朝家里跑去。

蜥蜴

我在森林的某个树桩旁捉到一只蜥蜴，把它带回了家。我在一个大玻璃罐里铺了细沙和小石子儿，装了草和水，把蜥蜴养在里面。我每天都更换玻璃罐里的材料，还用苍蝇、甲虫、幼虫、蜗牛等食物喂食它。[1] 蜥蜴每次都大快朵颐，它尤其喜欢那些白色菜蝶，它一见白色菜蝶便迅速掉转脑袋，吐出小舌头直扑过去，朝白色菜蝶张开嘴，就像一条猎犬扑向一块肉骨头。

一天早晨，我发现小石子儿间的细沙里，多了十几枚椭圆形的小白蛋。蜥蜴特意选了一处能晒到阳光的地方孵蛋。

一个多月后，十几只活泼敏捷的小蜥蜴破壳而出，模样与它们的妈妈像极了。

现在，蜥蜴一家都趴在小石子儿上，悠闲地晒太阳呢！

——驻林地记者　谢斯嘉克夫

[1]见插图三。

燕子的窝

6月25日

每天醒来，我都能看到一对燕子飞来飞去，忙忙碌碌地衔泥筑窝。我眼看着燕子窝慢慢成形了。

燕子非常勤奋，它们一大早就起来筑窝，中午只休息两三个小时，接着又继续对着燕子窝修修补补，一直忙到太阳落山。我不禁会替它们着急，它们为什么不停一停，等到稀泥干透了再将泥土粘在一起不行吗？

其他燕子时不时也会飞到这对燕子的新窝做客。如果房顶上没有野猫盯着，这些小客人们就会在屋檐上待一会儿，亲密无间地谈天说地，好不快活。新窝的主人一点儿也不嫌弃，不会赶它们走。

现在，燕子窝的形状像一轮由圆变缺的下弦月了，两个尖角朝向右边。为什么燕子窝的两边不平均呢？原来，两只燕子虽然一起筑窝，但是它们的速度不同。雌燕子尽心尽力地工作，衔泥巴的次数更多，它筑窝的速度就快一些。雄燕子三心二意，衔泥巴的次数更少，它筑窝的速度就慢一些。另外，雌燕子筑窝时总是把土粘在燕子窝左边，雄燕子筑窝时总是把土粘在燕子窝右边，这样一来，燕子窝左半边的进度始终就比右半边的快。

雄燕子可真够懒惰的，它的体格明明更强壮，却一点儿也不懂得呵护雌燕子。

6 月 28 日

现在，这对燕子已经不再衔泥巴了，它们开始用干草、羽毛、绒毛之类的东西布置床铺，看来它们还挺懂生活的。

此时我才恍然大悟，它们是经过深思熟虑，才将燕子窝建成下弦月形状的，如果燕子窝的两边一样高，燕子就进不了家门了。燕子窝右上角的缺口正好成了它们的一扇门。

看来是我错怪雄燕子了！

6 月 30 日

燕子窝建好之后，雌燕子就不再东奔西跑了，而是安安静静地待在窝里。我猜它要产下第一枚蛋了。雄燕子也一改往日的懒惰习气，经常外出寻觅些小虫子来喂食雌燕子，心情好时它还会为雌燕子唱上一曲，它们看上去像一对其乐融融的夫妻。

这时，又有一群叽叽喳喳的燕子来做客了，它们带来了对这个小家庭的美好祝愿，然后又绕着新窝飞了好几圈，朝里面探看了好几次，又叽叽喳喳了好一阵，才告别飞走。它们真是可爱极了。

野猫鬼鬼祟祟地从房子下面蹿了上来，贼头贼脑地向屋檐下偷窥，觊觎着那些尚未出生的小燕子。雌燕子立刻警觉起来，雄燕子也时不时地对野猫发出警告。

7月13日

两个星期过去了，雌燕子一直待在窝里不出来，只在温暖的上午，才出来一小会儿，飞快地抓几只小虫子吃，到池塘边找点儿水喝，然后又立刻返回窝中。它真是一个尽职尽责的好母亲。

只是，今天似乎有些反常，雄燕子和雌燕子都忙碌了起来，不停地飞进飞出。雄燕子的口中衔着一片白色的蛋壳，看来是小燕子出生了。[1]不一会儿，雌燕子衔着一条小虫子回来了。

7月20日

情况不妙！野猫爬到了屋顶，不怀好意地从房梁上倒

---

[1]见插图四。

挂下来，用爪子逗弄着刚出生的小燕子。小燕子懵懵懂懂、可怜巴巴地盯着野猫，低声叫着。

在这千钧一发的时刻，一群燕子从远处飞了过来，黑压压一片，它们发出一阵闷吼，朝野猫冲过去。野猫被激怒了，抡起前腿朝燕群用力一挥，差点儿抓住其中的一只燕子。这只燕子发出一声尖叫，瞬间飞走了。野猫再次抡起前腿朝燕群用力一挥，另一只燕子又差点儿遭了殃。但是野猫的情况更糟糕，由于它用力过猛，直接从房梁上摔了下去。它倒在地上很久都没爬起来，看来是身受重伤了。

从此以后，野猫再也不敢去招惹小燕子了。

——摘自少年自然界研究者的日记

燕雀母子

我家的院子里花草繁盛、生机勃勃。

我在院子里散步时，突然落下一只小燕雀，它看起来尚未长大，小脑袋上长着两撮绒毛，像小犄角一样。它惊慌失措地望着我，试图飞起来，却又落了下来。

我犹豫片刻，捉住它并带回了家。父亲建议我把它放在敞开的窗户旁。过了不到一个小时，小燕雀的爸爸妈妈就衔着小虫子，飞到窗户边来喂它了。

小燕雀在我家住了一天。到了晚上，我怕小燕雀冻着，就把窗户关上了，然后将小燕雀放进笼子里挂了起来。

第二天清晨五点钟，我被窗外的动静吵醒了，原来是小燕雀的妈妈嘴里叼着一只苍蝇，正蹲在窗台上无助地望着笼子里的小燕雀。我赶紧起身，打开了窗户，然后躲在屋子的一角暗中观察。我希望小燕雀的妈妈能飞进屋里，到笼子边喂食小燕雀。可是，不管小燕雀怎么喊叫，它的妈妈都不肯进来。

过了一小会儿，小燕雀尖叫起来，它的肚子饿了，在讨东西吃！这时，母爱终于战胜了恐惧，小燕雀妈妈终于下定决心飞进屋里，隔着笼子喂它的孩子。

小燕雀吃完之后，燕雀妈妈又飞出去找食物了，我就把小燕雀从笼子里放了出来，送到院子里。我不忍再看到这对燕雀母子伤心了。

等我再去院子里看小燕雀时，已经不见它的踪影了——小燕雀的妈妈把自己的孩子带走了。

——摘自少年自然界研究者的日记

金线虫

金线虫是一种神秘的生物，它们生活在江河、湖泊和池塘里，甚至就连普通的深水坑里也能见到它们的踪影。有传言说，金线虫是死而复生的马鬃毛，它会趁人们洗澡的时候钻到人们的皮肤里，在其间游走，让人们感到奇痒无比。

金线虫看上去很像一根棕红色的毛发，也像一截金属丝。金线虫很坚硬，就算把它放在一块石头上，用另一块石头去敲击它，它都毫发无损，并且会不停地伸缩，盘成奇妙的一团。

事实上，金线虫是一种无害的、脑细胞发育不完整的软体动物。雌金线虫的肚子里有很多卵，它将这些卵产在水里，这些卵会孵化出幼虫，幼虫长着角质长吻和钩刺。这些金线虫幼虫寄居在水栖昆虫的身上，钻到对方的体内。如果金线虫幼虫的"宿主"没有被水蜘蛛或其他昆虫吞到肚子里，它们的生命就结束了。如果它们有机会进入新"宿主"体内，它们就会变成没有脑细胞的金线虫，钻出来回到水里，吓唬那些迷信的人们。

枪打蚊子

国立达尔文自然资源保护区的办公楼坐落在一个半岛上，半岛周围是雷宾斯克水库，这是一个新形成的、特殊的"海域"。以前，这里是一片森林，水位不深，有的水面上直到现在还能看到树梢。由于这里的"海"是淡水，温度适宜，因此这里就成了蚊子繁衍生息的温床。

一大群饥肠辘辘的蚊子钻进科学家们的实验室、餐厅和卧室，闹得大家的生活失去了秩序，无法正常工作、吃饭和睡觉。

这天晚上，办公区的每个房间里都突然响起了霰弹枪的枪声。

究竟出什么大事了？

其实并不是什么大事，只不过是大家在用霰弹枪打蚊子。

当然了，霰弹枪里装的并不是子弹，也不是铅弹，只是一些打猎用的火药。科学家们将少量火药装进带引线的子弹壳里，堵上一个结实的填弹塞，再往子弹筒里装入粉末状的杀虫剂，这样杀虫剂就不会撒漏了。

枪一响，杀虫剂瞬间弥漫了整个办公区域，填满每个隙缝。蚊子无处藏身，只能被灭杀了。

少年自然科学家的梦

一位少年自然科学家正在准备做个报告，报告的题目是《我们如何与森林、田地里的害虫做斗争》。他正在认真收集资料。

"如果采用机械和化学方法驱除甲虫，花费将超过13700万卢布。如果采用人工捉1301万只甲虫，装进火车运走，需要使用813节车厢。"少年科学家读着资料，"要驱除甲虫，每公顷土地每天要用20人至25人工作……"

少年自然科学家的头都大了，这么长的一串数字就像一条长蛇在他眼前晃。少年自然科学家心想：我不想了，还是躺下睡觉吧。

他做了一夜噩梦。梦里都是不计其数的甲虫，它们从森林深处爬出来，爬进田地，将田地团团包围，很快就毁掉了一片庄稼。他用手把虫子掐死，用水龙头把加了农药的水喷到虫子身上，但它们还是源源不断地拥过来。它们所到之处，片草不留……少年自然科学家被噩梦吓醒了。

第二天一早醒来，少年自然科学家才发现情况并没有噩梦中那么糟糕。少年自然科学家在报告中提议：在爱鸟节到来之前，大家要做出更多椋鸟屋、山雀窝及树洞形鸟窝。鸟儿捉虫的本领可比人类高明多了，而且鸟儿还不拿工资，免费替人类干活儿！

请试验

据说，如果在四周被铁丝网围起来的露天养禽场上，或在没有顶的笼子上，松松垮垮地绑上几根绳子，那么猫头鹰、雕、鹗这类猛禽在扑向养禽场或笼子里的飞禽前，一定会先在这几根绳子上歇歇脚。猛禽以为这几根绳子很坚固，其实它们只要一落在绳子上，就会栽倒，因为这几根绳子太细了，而且绑得松松垮垮的，根本禁不住它们的重量。

猛禽栽倒后，就会头朝下挂着，一直挂到你去抓住它为止。在这种情况下，它们不敢扑棱翅膀，因为它们害怕栽到地上摔死。所以你可以悠闲地将这些"小偷"从绳子上取下来。

"鲈鱼测钓计"

据说，如果你准备去河边钓鱼，你只要先从鱼市买几条小鲈鱼回来，养在鱼缸里或大玻璃器皿里，时不时地瞧上几眼，你就能预测出哪天能钓到鱼了。在出发前，你可以先喂喂这几条小鲈鱼，如果它们竞相游过来抢食吃，就说明那天的天气很适合钓鱼——鲈鱼和其他鱼都会让你满载而归。如果它们不肯游过来吃，就说明河里的鱼那天也没有食欲，当天的天气不对劲，可能就快要变天了，或许还会有雷雨。

鱼对天气变化的感知是很敏锐的，依据它们的情绪和行为来推断天气变化，就能合理地规划行程了。

每个垂钓爱好者不妨都试验一下，看看在室内环境和在露天环境下，这种活的"天气预报"是否同样准确。

天上的"大象"

天上飘过一团乌云，看上去像是一头大象。天上的"大象"时不时用"长鼻子"指向地面，大地上顿时尘土飞扬，飞沙走石。尘土旋转着，越来越大，逐渐与天上的"长鼻子"连成一片，变成一根顶天立地的大柱子。天上的"大象"抱着这根旋转的大柱子，在天空中疾驰着。

天上的"大象"飘到一座城市的上空后，突然停了下来。倾盆大雨顷刻之间从"大象"的身体里落下！落在屋顶上，落在人们撑着的雨伞上，一阵乒乓乱响。什么东西发出活蹦乱跳的声响？原来是小蝌蚪、小青蛙和小鱼！它们突然造访城市，为大街小巷带来了生趣。

后来人们总算明白了，原来天上的"大象"是积蓄许多水分的乌云，它凭借龙卷风的帮助，从森林中的一个小湖泊里吸起大量的水，裹挟着水里的小蝌蚪、小青蛙和小鱼，在天上飞奔了很长一段时间后，遇到城市上空的热气流，形成对流，便将自己的"猎物"都丢弃到了这座城市里，然后它又自顾自地奔向了另一座城市。

阅读感悟

在《燕雀母子》中，我们读到了一个十分感人的故事。小燕雀被"我"留在家中照看的时候，燕雀妈妈每天都会飞到窗户边送食物。当我们在野外遇到受伤的鸟儿时，可以联系专门的野生动物救助站来救护它们，等它们养好伤，一定要让它们回归大自然，它们的妈妈还在大自然中等它们呢！

绿色朋友

导 读

　　由于无节制地砍伐树木，森林消失了，土地大面积沙漠化，森林消失的地方变成了沙漠和沟壑。现在人们开始植树造林了，要重新保护森林资源。森林就是我们的绿色朋友，如果不保护我们的绿色朋友，受到伤害的将是我们自己。

　　我们的森林曾经广袤无垠。可是，以前的森林主人毫无节制地乱砍滥伐，不懂得爱惜自然资源，保护森林。森林被砍光了，土地大面积沙漠化，森林消失的地方就变成了沙漠和沟壑。

　　农田四周没有森林作为屏障，来自沙漠的干热风就会袭击农田。滚烫的沙子覆盖了农田，把庄稼都吞没了，人们无计可施。

江河湖泊周围的森林消失了，水开始干涸，土地沙漠化越来越严重，出现了沟壑。

终于，人们开始意识到问题的严重性，对干热风、土地沙漠化及沟壑宣战了。

这场战斗取胜的关键便是植树造林，用树木来绿化我们的家园。

哪里的江河湖泊周围没有森林保护，还在忍受烈日暴晒，我们就去哪里植树造林。一道道绿色屏障高高竖起，用它们那茂密的树冠和枝叶为江河湖泊遮蔽阳光。

哪里的农田被狠毒的干热风裹挟来的热沙所笼罩，我们就去哪里植树造林。一个个森林卫士挺起胸膛，用它们那铜墙铁壁般的身躯为农田抵御干热风的炙烤。

哪里的耕地被沙漠侵占，土地塌陷，我们就去哪里植树造林。一队队绿色斗士在土地中顽强扎根，拦住凶狠扩张的沙漠，阻止沟壑吞噬耕地。

现在，人类与干旱的战斗正在如火如荼地进行。

重新造林

季赫温斯基区正在植树造林。曾经，这里有 230 公顷的树木被砍伐殆尽，现在，我们将在 230 公顷的土地上，种下松树、云杉及西伯利亚阔叶松。目前，我们已经把这里的土地全都翻松了，方便树木落下的种子生根发芽。

我们种植了 10 公顷西伯利亚阔叶松，它们都已生长出粗壮的芽。种植培育它们，可以丰富列宁格勒的贵重建筑用材。

我们还在那里开辟了一个木材加工厂，同时培育了大批可作为建筑用材的针叶树和阔叶树。不久的将来，我们还计划培育大批果树和可作为橡胶的灌木——瘤枝卫矛。

——塔斯社　列宁格勒讯

林间大战（续前）

导 读

　　云杉王国、山杨王国与白桦王国之间的林间大战还在继续，我们的森林记者来到了另一块空地上。在这里，我们的森林记者看到了云杉在林间大战中遭遇的困难。云杉幼苗害怕寒冷，在冬天被冻死了。而第二年初春，小山杨和小白桦就齐心协力地紧紧靠在一起，形成了一片密林。

　　年轻的白桦树与野草和山杨树一样，命运发生了巨变，它们也被云杉打败了。

　　此时，云杉成了那块空地上的霸主，它们已经傲视群雄了。我们的森林记者将帐篷卷起来，准备搬到另一块空地去看看。前年，那里曾被伐木工人大量砍伐过，成了一片不毛之地。

在那里，记者看到了云杉这个霸主的生存状况，它们在林间大战的第二年遭遇了巨大的困难。

云杉是有顽强生命力的树种，但是它们也有两个弱点：一是云杉的根在泥土里扎得虽然很广，但是却不深。秋天的时候，辽阔的空地上狂风怒号，很多云杉会被刮倒，甚至被连根拔起。二是幼年时期的云杉长得不够健壮，不耐寒。云杉的幼苗都没能熬过冬天，就被冻死了。所以，春天来临的时候，这块曾被云杉征服的土地上，连一棵小云杉都看不见。

云杉并不是每年都结种子，尽管它们取得胜利了，但是这胜利并不牢靠。在很长一段时期内，它们丧失了战斗力。

第二年初春，野草刚从土里钻出来，林间大战就拉开了序幕。

这一次，轮到云杉与小山杨、小白桦作战了。

小山杨、小白桦已经长得十分高大，它们可以轻轻松松地将那些纤弱的野草从身上抖落。之前被野草裹住，对它们反而是有好处的。冬天的时候，这些野草枯萎了，像条厚厚的棉被盖在它们的身上，野草腐烂后散发的热量正好可以帮助它们度过寒冬。而新的野草长出来之后，恰好又可以盖住刚刚冒出地面的小树苗，保护它们免受早霜的侵害。

矮小的野草无论如何也阻挡不了长势迅猛的小山杨和小白桦，野草明显地落后了，它们只长出一点儿草茎，就被小山杨和小白桦遮蔽住了阳光。

当小山杨和小白桦长得比野草还要高的时候，它们会立刻将自己的枝条伸展开，把野草覆盖得严严实实。小山杨和小白桦虽然没有云杉那样浓密的针叶，但是它们的叶子很宽，能够形成巨大的树荫。

最开始的时候，小山杨和小白桦的树叶长得稀稀拉拉，野草还能顽强抵抗，但是时间一长，它们就无力抵抗了。

如今，整片空地上，小山杨和小白桦已经枝叶相连，浓密成荫，它们齐心协力地伸展着树枝，紧紧靠在一起，形成一片密林。野草再也得不到阳光的滋养，慢慢地枯死了。

林间大战的第二年，山杨和白桦成为新的霸主。

森林记者又卷着帐篷搬去第三块空地观察。他们在那里会发现什么新鲜事呢？我们将会在下一期的《森林报》里详细报道。

祝你钩钩不落空

导读

夏天的天气多变，遇到大风或雷雨天气，鱼就会根据天气变化游往不同的水域。除了要学会看天气和找到鱼聚集的水域外，制作美味的鱼饵也是钓鱼成功的关键。鲫鱼和鲤鱼都很喜欢麻油味的鱼饵，若你想钓到它们，可以尝试制作一次鱼饵。

到了夏天，遇到刮大风或雷雨天气，鱼就会游到能避风的水域，如深水坑、芦苇丛。如果一连几天遇到阴雨连绵的天气，所有的鱼都会往最僻静的水域游。它们会变得无精打采，喂食给它们，它们也不吃。

遇到高温天气，鱼会游到水温低的水域。在酷夏时节，只有早晨凉爽的时候和傍晚暑气消退的时候，鱼才有上钩的可能。

遇到夏季干旱，江河湖泊的水位降低，鱼会游到深水坑里。但是深水坑有一个致命的缺点——鱼没有足够的食物。因此，只要钓鱼者找得到合适的深水坑，就能钓到很多条鱼，尤其是用鱼饵钓鱼。

麻油饼是最好的鱼饵，要先将其放到平底锅里煎，接着捣碎它，把它与麦粒、米粒或豆子放在一起煮烂，再撒到荞麦粥或燕麦粥里。这样的鱼饵散发出一股新鲜的麻油味，鲫鱼和鲤鱼都喜欢这个味道。

阵雨或雷雨天气会让水温变得凉一点儿，从而极大刺激鱼的食欲。在雨后浓雾散开的晴朗天气里，鱼更容易上钩。

每个人都应该学会用晴雨表、云量多少、日出即散的夜雾和朝露，来预测天气。看到紫红色的霞光，就说明空气湿度大，可能会下雨。看到淡金红色的霞光，就说明空气很干燥，最近几小时内不会下雨。

除了用带浮标或不带浮标的普通钓鱼竿外，人们还可以一边乘船一边钓鱼。只要准备好一根足够结实的长绳子（约有 50 米长），一条用钢丝或牛筋做的系住鱼钩的线，再来一条金属片做的假鱼就够了。我们将假鱼绑在绳子上，拖在小船后，这根绳子离小船25~50米远。小船上坐两个人，一个人划船，一个人控制绳子。人们让这条假鱼沉入水底或将其拖在水中走。一些比较凶猛的鱼——鲈鱼、梭鱼、刺鱼，发现假鱼从自己上方游过，就会以为是真鱼，朝它扑过去并一口吞下，这时绳子将被扯动，控制绳子的人感到有鱼上钩了，就慢慢拉绳子。用这种方法钓到的鱼，往往是大鱼。

在湖边用假鱼和长绳子钓鱼，最理想的地方在两个河湾之间的水域，这里遍布着芦苇丛。乘船钓鱼的话，要去水位深、水面平静且水流平缓的水域，要躲开石滩和浅滩。用这种方式钓鱼的时候，要慢慢地划船，尤其在风平浪静的日子里，因为鱼比较敏感，即便和船隔得很远，鱼都能感觉到。

捉　虾

5月至8月，是捉虾最好的季节，但捉虾的人必须了解虾的生活习性。

小虾是由雌虾产下的卵孵化出来的，每只雌虾最多能产几百个虾卵。虾卵在出生以前，躲在雌虾的腹足（河虾长着 10 只脚，最前面的一对脚是钳子）和尾部的后肚里。这些虾卵会在雌虾身上过冬，到了夏初，虾卵就会裂开，孵出与蚂蚁差不多大的小虾。过去只有最精明的人才知道虾在何处过冬，如今大家都知道虾是在河岸边或湖岸边的小洞穴里过冬。

虾出生第一年，要换八次外壳，等到成年之后就一年换一次外壳了。很多鱼都爱吃脱了外壳的虾，所以脱了外壳的虾会赤身裸体地躲在洞里，直到新壳长硬了才出来。

虾喜欢夜游，白天就躲在洞里。不过，一旦它发现猎物，也会在大白天出洞捕捉。当你看见水底冒上来的一串串气泡时，就该猜想到那是虾呼出来的气泡。水里各种小生物——小鱼、水虫，都是虾的食物。不过，虾最爱吃的东西是腐肉。在水底，虾隔着很远的距离就能闻到腐肉的味道。

人们就用小块腐肉、死鱼或死蛤蟆做饵料，趁着虾夜间出洞寻找食物时捉它（虾只有在受惊的时候才倒着走）。

要把饵料固定在虾网上，将虾网绷在两个直径 30~40 厘米的木框或金属框上，一定要防止虾一进虾网就把网内的饵料拖走。用细绳将虾网系在长竿的一端，再将虾网浸到水底。在虾聚集的地方，很快就会有许多虾钻进虾网，它们一旦进去就出不来了。

还有一些更复杂的捉虾方法。不过最简单易行而收获又最大的方法是，在水浅的地方边走边找虾洞，找到后用手捉住虾背，把虾从虾洞里直接拖出来。当然有时我们会被虾钳住手指，不过这并不可怕，我们也不会建议胆小的人用这个办法捉虾。

如果正好你随身带着一口小锅和调料，就可以在河岸上煮开一锅水，把虾和调料一起放进去煮。

在暖和的夏夜，在繁星满空的夜色里，在河岸或湖岸的篝火旁煮虾吃，可真是太美妙了！

农庄纪事

导读

　　黑麦田里的黑麦已经长得很高了，集体农庄的庄员们正忙着为它们割草，有的用镰刀割，有的用割草机割。孩子们也出发去森林采摘浆果了。可是却有一件怪事发生，来集体农庄做客的两位女客人因为亚麻地的颜色变化而迷路了，这是怎么一回事呢？

　　黑麦长得比人还高了，已经开了花。灰山鹑在黑麦田里闲庭信步，就像在森林里那样悠闲。雄山鹑带着雌山鹑，后面跟着它们的孩子。小山鹑才出生不久，长得像小黄绒球似的，在麦田里滚动。

　　集体农庄的庄员们正忙着割草，有的用镰刀割，有的用割草机割。割草机在草场驶过的时候，挥动着光秃秃的臂膀，发出轰隆隆的声响，接着，一排排鲜嫩的青草应声倒下，散发出浓烈的青草香。

菜园里的葱已经长得很高了，绿油油的一片。现在，孩子们正在那里拔葱。

现在是浆果成熟的时节，孩子们结伴去采浆果了。六月初，向阳的山坡上那些熟透的草莓就吸引了他们的目光，如今，森林里的黑莓果和覆盆子也快成熟了。森林中那片多苔藓的沼泽地里还长着云莓，云莓也到了成熟的时节，已经由白变红，由红变金，现在已经变成了金黄色。

森林里各种浆果应有尽有，孩子们都想多采些浆果。可此时也是农庄里最忙碌的时节，果园需要浇水，菜园需要除草。大人们忙不过来的时候，孩子们也就需要大显身手了。

集体农庄新闻

牧草的抱怨

最近，牧草总在抱怨集体农庄的庄员们欺负它们。

牧草刚开花的时候，就被集体农庄的庄员们齐根割掉了，它们丝毫不顾及牧草穗子里白色羽毛状的柱头和细茎上沉甸甸的花粉。现在牧草开花失败，只能继续往高处生长了！但是，等它们长高之后，同样难以逃脱被齐根割掉的命运，这也难怪它们要抱怨了。

我们的森林记者调查了事情的前因后果。原来，集体农庄的庄员们割掉牧草是为了给牲口储备过冬的粮草。如此说来，庄员们的做法倒也无可厚非了。

田里喷了奇妙的药水

最近集体农庄出现一种神奇的药水，杂草们只要一沾到这种神奇的药水，就会一命呜呼。但是，谷物一沾到这种神奇的药水，就会变得精神抖擞。

原来，对于谷物来说，这种药水是催长剂，不仅无害，还能为它们提供生长所需的养分，并且帮助它们消灭杂草这个天敌。

被阳光灼伤

集体农庄的两只小猪在散步时被阳光灼伤了背脊，起了大片水泡。于是，集体农庄的庄员们请来兽医为它们治疗。现在，天气炎热的时候，集体农庄的庄员们再也不允许小猪外出散步了，就算它们是跟着猪妈妈一起外出散步都不行。

避暑的女客人失踪了

最近，两位避暑的女客人到一个集体农庄里做客。不久前的一天，她们居然神秘失踪了。集体农庄的庄员们寻找了大半天，才在距离集体农庄三公里远的干草垛旁找到了她们。

两位女客人的眼神十分迷茫，原来她们迷路了。

事情的经过是这样的：早上的时候，她们沿着一块淡蓝色的亚麻地去河里洗澡，下午回家的时候，却怎么也找不到那块淡蓝色的亚麻地了，于是她们就迷路了。

两位女客人不知道亚麻只在清晨开花，一到中午，花朵就凋谢了，亚麻地的颜色也就由淡蓝色变成了绿色。

母鸡的旅行

今天一早，集体农庄的母鸡就高高兴兴地乘坐汽车去旅行了。

母鸡旅行的目的地是被集体农庄的庄员们收割过的田地。田地里的麦子收割完后，还残存了一些麦秆，以及落在地上的麦粒。此时的田地变成了母鸡的临时旅游胜地——等到它们将这里的麦粒吃干净后，就会立刻乘坐汽车前往下一个旅游胜地吃麦粒。

绵羊妈妈的心事

最近，绵羊妈妈心事重重，它们很担心自己的孩子要被集体农庄的庄员们牵走了。[1]不过，小绵羊已经三四个月大了，已经长大了，总是跟在绵羊妈妈屁股后面团团

---

[1]见插图五。

转，这也说不过去。它们的确应该习惯独立生活了。以后，小绵羊就要独自去吃草了。

准备出发

夏天，树莓、醋栗和茶藨子等很多浆果都成熟了。

此时，它们该被果农们运到城里了。

勇敢的醋栗不畏路途遥远，它高呼道："让我去吧！我能坚持得住，越早出发越好。趁我现在还没熟透，我还很坚硬，早点儿动身吧。"

茶藨子似乎欠缺了一些勇气，它嘀咕道："如果把我包装得更严实一些，我想我也能完好无损地到城里。"

树莓直接泄了气，它感叹道："你们还是让我留在这儿吧，别碰我！我最怕坐车，一路颠簸，我被颠来倒去，会变成一团糨糊的！"

无秩序的餐厅

五一集体农庄的池塘里，露出一块木牌，上面写着"鱼的餐厅"。每个水底餐厅里，都摆着一张有边的大桌子。

每天早上，木牌周围的水都像沸腾了一般，这是鱼在闹腾，它们正焦急地等待早餐。鱼的纪律性很差，互相挤来挤去，乱作一团。

7点钟，工厂厨房的师傅们就会乘小船出发，为水底餐厅送早餐。早餐食谱有煮土豆、杂草种子做成的饭团、晒干的小金虫，以及其他可口美食。

这时，水底餐厅里的鱼儿们更加闹腾了！每个水底餐厅里至少有四百条鱼呢！

少年自然科学家讲的故事

我们村子旁边有一片小橡树林。平时，林子里很少有杜鹃飞过，最多也就有过一两次，它们通常在这里叫两声"布谷——布谷"就消失了踪影。可是今年夏天，我总能听到杜鹃的叫声。

有一次，小牧童把一大群母牛赶到小橡树林里吃草。中午的时候，那群母牛却发了疯一般乱跑乱叫，吓得小牧童跑回来大喊："母牛疯了！"

等我们赶到小橡树林时，不禁被眼前的景象惊呆了！这里简直乱成了一锅粥！母牛到处乱跑乱叫，还用尾巴抽打自己的后背，不停地把脑袋往树上乱撞。这样下去，它们会把脑袋撞碎呀！更严重的是，它们发起疯来会把我们踩死！我们赶紧把母牛赶到别处了。

这里究竟发生了什么事？

原来，这都是毛毛虫惹的祸。这些棕色的毛毛虫，浑身毛茸茸的，像小野兽一般，占据了整个小橡树林，它们把很多橡树树干都啃得光秃秃的。毛毛虫爱掉毛，它们身上的绒毛被风吹得到处飞扬，钻到了母牛的眼睛里。母牛的眼睛痛得难受，便发了疯。

这时，一大群杜鹃飞了过来！我还从来没见过这么多杜鹃！除了杜鹃外，还有带黑条纹的金色黄鹂、翅膀上带淡蓝色条纹的深红色松鸦。毫无疑问，它们都是冲着这片小橡树林里的毛毛虫而来的。

结果可想而知，小橡树林里恢复了生机！不到一个星期，所有毛毛虫就被鸟儿消灭了。这些鸟儿真厉害！如果没有它们帮忙，后果真是不堪设想。

阅读感悟

　　小绵羊已经长大了，它们不能总是跟在绵羊妈妈后面团团转了，小绵羊要学会自己独立生活。著名的科学家居里夫人就曾说过："路要靠自己去走，才能越走越宽。"我们在学习中，也要学会独立思考，培养自己独立学习的能力。

天南地北无线电通报

导读

　　夏至是一年中白昼最长的一天。各地都发来了无线电报讲述他们那里的夏天。北冰洋极北群岛出现了极昼现象，太阳高挂一整天，植物生长快速，动物也睡得少。而沙漠地区的动物与之相反，它们几乎整天都在睡觉。还有哪些神奇的现象出现？快往下阅读吧！

请注意！请注意！

这里是列宁格勒广播电台，《森林报》编辑部。

今天是 6 月 22 日，夏至，是一年中白昼最长的一天。我们今天将举行一次全国无线电通报活动。

苔原、沙漠、森林、草原、高山、海洋请注意，请大家都来参加!

此时正是盛夏时节,是一年中白昼最长、黑夜最短的一天。请讲一讲你们那里现在是什么情况。

请回应!请回应!

北冰洋极北群岛广播电台

你们说的黑夜是什么样的呀?我们这里根本没有关于黑夜的概念。

我们这里的白昼最长了,一天有 24 个小时都是白昼。我们这里的太阳时升时降,根本不会落下去。这种情况大约要持续 3 个月之久。

我们这里总是充满阳光,所以地上的青草生长得非常快,青草的生长速度不是按日计算的,而是按小时计算的。树木枝繁叶茂,花儿竞相绽放。沼泽地里苔藓遍布,就连光溜溜的石头上都缠绕着藤蔓植物。

苔原也醒过来了。

我们这里没有身穿彩衣的蝴蝶,没有在湖面低飞的蜻蜓,没有身手敏捷的蜥蜴,更没有一到冬天就躲到洞里冬眠的野兽。我们的土地永远被冰覆盖着，即便在仲夏时节，也只有土地表面的冰能化开一层。

苔原上空有大批蚊子恣意飞舞，但是我们这里却没有蚊子的天敌——蝙蝠。就算蝙蝠偶然飞到我们这里，也无法在这里存活下去。因为蝙蝠是习惯夜间生活的，可是我们这里却只有白昼。

我们这里的苔原上，野兽的种类寥寥无几，只有旅鼠、雪兔、北极狐和驯鹿等。偶尔会有几只从遥远的海边游过来的北极熊，在苔原上笨拙地摇来晃去，四处找食物吃。

不过，我们这里的苔原上，鸟类繁多，数不胜数！虽然背阴的地方还有许多积雪，但是鸟儿已经成群结队地飞来了。有各色各样的"歌唱家"——角百灵、北鹨、雪鹀、鹡鸰，还有海鸥、潜鸟、鹬、野鸭、大雁、暴风鹱、海鸠，还有模样滑稽的花魁鸟和许多不知名的稀奇古怪的鸟儿。

鸟儿的叫声、喧嚣声和歌声连成一片，我们这里变成了鸟儿的天堂。鸟窝遍布苔原，甚至在一些光秃秃的岩石上，也有无数个鸟窝相互挨在一起，连岩石上那些只能容下一个小鸟蛋的坑洼之处，都被鸟窝占据了，这里俨然一个鸟市般熙熙攘攘！如果哪只猛禽胆敢接近这里，立刻就会有一大群鸟儿向它猛扑过去，鸣叫声震耳欲聋，鸟儿齐心协力用鸟喙攻击，猛禽立刻夺路而逃。这些鸟儿哪会让那些猛禽占据这块风水宝地呢？

现在，苔原上的生活是多么欢乐呀！

你一定会问："既然这里没有黑夜，那么鸟儿什么时候休息、睡觉呢？难道它们不需要休息、睡觉吗？"

没错，它们的确几乎不睡觉。它们哪有工夫睡觉！只不过打个盹儿，又该工作了，有忙着给孩子喂食的，有忙着筑窝的，有忙着孵蛋的。大家都有一大堆工作要做，都忙得不可开交，我们这里的夏天转瞬即逝！睡觉就等到冬天再安排吧，到那时再睡也不迟！

中亚沙漠广播电台

我们这里几乎所有的动物都睡觉了。

我们这里阳光强烈，我们已经记不清最近一场雨是什么时候下的了。有些植物被晒干了，但有些植物还活着。

带刺的骆驼草已经长到半米高，它的根扎到五六米深的地下，以便吸收地下水。有一些灌木和野草的身上长满了绿色的细毛，这些细毛可以帮助它们减少水分的蒸发。矮矮的梭梭树上没有一片叶子，只有细细的枝条透出一点儿绿意。

狂风肆虐时，沙尘被狂风卷到半空中，遮蔽了一切。接着响起一阵巨大的声响，如同成千上万条蛇在叫嚣，让人不寒而栗。其实，这不是蛇发出的叫声，而是梭梭树的细枝发出的巨大声响。它们被风刮得乱舞，像鞭子在胡乱抽打着空气。

而蛇此时正在睡觉，就连令黄鼠和跳鼠闻风丧胆的红沙蟒也把整个身体深深地埋进沙子里睡觉。

黄鼠也在睡觉，它除了大清早出来找点儿食物外，其余时间都用土块将自己的洞口堵住，挡住阳光照进来，然后它会躲在家里睡大觉。此时，大部分植物都被晒干了，黄鼠得花多大工夫，跑多远的路，才能找到一棵可以吃的植物呢？黄鼠索性连东西都不吃，就钻到地底下睡觉了。它打算从夏天开始睡，等到第二年春天再醒来。一年里，它只出来活动 3 个月，其余时间都是在睡眠中度过的。

蜘蛛、蝎子、蜈蚣和蚂蚁都有自己的一套方法躲避日光暴晒，它们有的躲在石头下面，有的钻到背阴的土里，只有晚上才出来活动。其他动物也都销声匿迹了，行动矫捷的蜥蜴和慢吞吞爬行的乌龟都不见了踪影。

为了靠近水源，动物们都搬到沙漠边上去住了，鸟儿也带着幼鸟一起飞走了。山鹑倒是不急着上路，它们飞个数百千米不在话下。山鹑通常会先就近找个小河，自己先畅饮一通，再将嗉囊[1]装满水后，快速飞回窝里喂幼鸟。等幼鸟学会了飞行，它们就会带着幼鸟离开这个可怕的地方了。

只有人类不畏惧沙漠。因为我们掌握了较高的科学技术，在可能出现水源的地方开渠挖沟，将水从高山上引到下面来，把死寂的沙漠变成了绿洲、田地、果园，让沙漠焕发出生机。

狂风是沙漠里的霸主，也是人类的头号敌害。狂风推动干燥的沙丘，掀起沙浪冲到村庄里，将房屋掩埋。只有人类无惧狂风，我们与水、植物结盟，筑起一道稳固的防风屏障。经过人工灌溉，树木成长为一道密不透风的墙壁，青草也将无数细根扎在沙地里。有它们的守卫，沙丘再也无法移动了。

夏天的沙漠和苔原没有丝毫相似之处。当太阳炙烤沙

---

[1]嗉囊：鸟类的消化器官的一部分，像一个袋子，位于食道的下部，用来储存食物。

漠的时候，所有生物都在沉睡。只有在漆黑的夜晚，那些饱受阳光折磨的弱小生命才抖着虚弱的身躯出来透透气。

乌拉尔原始森林广播电台

我们这里的原始森林很特别，它既不像西伯利亚的原始森林，也不像热带密林。我们这里的原始森林生长着枞树、落叶松、云杉，还有枝条虬结、缠绕着带刺的藤蔓与野葡萄藤的阔叶树。

我们这里的动物有北方驯鹿、印度羚羊、普通棕熊、西藏黑熊、黑兔、猞猁、老虎、豹子、棕狼和灰狼。

我们这里的鸟儿有性格文静的灰松鸦、华丽多姿的野雉、灰雁、白雁、嘎嘎叫唤的普通野鸭、五彩缤纷的鸳鸯和长嘴巴的白头鹛。

原始森林里的白天又暗又闷，宽大的树顶就像一个厚重密实的帐篷，把阳光挡得严严实实。我们这里的夜晚和白天都是漆黑一片。

现在，我们这里的鸟儿都产下了蛋，有的鸟儿已经孵出了幼鸟。动物们的幼崽也都已经长大了，正在学习抓捕猎物。

库班草原广播电台

许多辆收割机排成一列，在一望无垠的田地里忙碌地收割庄稼！今年是个丰收年！

老鹰、雕、兀鹰和游隼在已收割完庄稼的田地上空缓缓地盘旋。它们打算收拾那些打劫粮食的敌人——老鼠、田鼠、黄鼠和仓鼠。现在这个时机正好，只要这些打劫粮食的敌人从洞里探出头来，它们就能瞧见。在庄稼尚未收割前，这些可恶的敌人偷吃了多少粮食呀！想想都令人生气！

等瞧不见打劫粮食的敌人后，老鹰、雕、兀鹰和游隼就开始捡那些散落在田里的麦粒，充实自己的地下粮仓，准备过冬粮。其他动物和猛禽相比也不甘落后，狐狸也在收割后的田地里捕捉各种鼠类。对我们最有帮助的是白色的草原鼬鼠，它们会毫不留情地消灭一切啮齿动物。

阿尔泰山脉广播电台

低洼的深谷里闷热而又潮湿。早晨，在灼热的夏日阳光照耀下，草地上的露水很快就蒸发了。晚上，草地上浓雾弥漫。水蒸气升腾，将湿气送去山顶，水汽冷却后就凝结成白云，抬头望去，山顶上云雾缭绕。

白天，灼热的阳光将水蒸气变成了水滴，转瞬之间，乌云密布，倾盆大雨落了下来。

山上的积雪在慢慢融化，只有那些海拔最高的山峰还残存着一些终年不化的积雪。那里就是大片的冰原、冰河，海拔很高，异常寒冷，就连中午最炽热的阳光也无法消融那里的积雪。

但在大片的冰原、冰河之下，消融的积雪化成了雪水，汇集为湍急的水流，沿山坡奔流而下，形成飞溅的瀑布，从山崖落下流入江河。这是一年中江河第二次因大量外来水的涌入而如春汛般暴涨，江河之水漫过河岸，在谷地上泛滥。

我们这里物种十分丰富：山下的坡地里是原始森林；稍高的山坡上是肥沃又独特的高原草场；再高的山坡上长满苔藓和地衣，与北方苔原十分相似。最高的山峰则是大片的冰原、冰河，常年冰天雪地，就像北极一样。

我们这里海拔高的山峰既没有动物出没，也没有候鸟的踪迹。只有身体强健的雕和兀鹰偶尔盘旋高空，用敏锐的眼睛往下四处望，搜寻食物。但在海拔稍低的山峰，仿佛像一座多层高楼，有各色各样的动物在里面入住，它们各占据一层，生活在各自的高度。在光秃秃的山坡上，成群的公野山羊在那里安营扎寨了。再往下一点儿的山坡住的是母野山羊和小野山羊，还有个头儿与火鸡差不多的山鹑。

在肥沃的高原草场上，有一群犄角坚硬的山地绵羊——盘羊在那儿吃草，雪豹在不远处悄悄尾随着这群盘羊。高原草场上还聚居着膘肥体壮的旱獭和许多爱唱歌的鸟儿。再往低处的原始森林里，生活着松鸡、雷鸟、鹿和熊等。

过去，人们只在山下的谷地里种植粮食作物。现在，我们已经在山上开垦种田了。在山上，我们不用马耕地，而用浑身长满长毛的牦牛来耕地。我们花了很多心思和力气让我们的土地获得更好的收成，我们的愿望一定会实现的！

海洋广播电台

我们伟大的祖国濒临三个大洋：西临大西洋，北依北冰洋，东靠太平洋。

我们乘船经芬兰湾和波罗的海，进入大西洋。在大西洋上，我们经常会碰到来自各国的船只，有英国的、丹麦的、瑞典的、挪威的，有货船，有客船，也有渔船。在这里，我们能捕到鲱鱼和鳕鱼。

我们从大西洋出发，沿着欧洲和亚洲的海岸线一路向北，进入北冰洋。这里是我们的海洋，也是我们的航线，这是我们勇敢的航海家们开辟的航线。这里到处都是厚实坚硬的冰，到处都隐藏着危险。过去的人们怀疑这是一条无法顺利通过的航线，然而现在，我们的船长操纵着船只，用势如破竹的破冰船在前方开路，在这条航线上前行。

这里人迹罕至，我们却经历了许多神奇的事情。起初我们遇到了墨西哥湾暖流，随后我们遇到了移动的冰山，冰山在阳光的照耀下闪闪发光，格外刺眼。我们还在这里捕捞到很多鲨鱼和海星。

我们继续前行，这股暖流折向北方，向北极流去。于是我们看到一片巨大的冰原在水面缓缓移动，时而裂开，时而聚合。我们的飞机在海洋上空侦察，为我们的航船导航。

在北冰洋的岛屿上，我们看到成千上万只正在换毛的大雁。它们看起来十分虚弱，翅膀上的大羽毛都脱落了，无法飞行。我们只要包围它们，就可以轻易地把它们赶进用网围起的栅栏里。我们看到长着獠牙的海象，它们钻出海面，趴在冰块上休息。我们看到各种长相奇特的海豹，其中就有头上顶着像钢盔般的大皮囊的冠海豹，当地人称它们为"大海兔"。我们还看到很多满口尖牙的虎鲸，它们游动的速度非常快，还经常袭击其他鲸和它们的孩子。

不过，等我们下次到了太平洋再报道关于鲸的消息，那里的鲸会更多。再见！

我们和全国各地的天南地北无线电通报到此结束。下一次通报会在 9 月 22 日举行。

阅读感悟

通过各地的无线电通报我们可以发现，植物和动物都有着很强的适应能力。它们会根据环境的变化而做出改变，正所谓"物竞天择，适者生存"，所以我们在学习和生活中，也要学会变通，灵活地解决遇到的困难，适应学习和生活的环境。

打靶场：第四次竞赛

1. 按照日历，夏季是从哪一天开始的？这一天的特点是什么？

2. 哪种鱼会亲自做房子？

3. 哪种动物在草和灌木丛里做房子？

4. 哪种鸟自己不会做房子，就在沙地上、土坑里下蛋？

5. 下图中这些蛋与它们周围的沙子和鹅卵石的颜色相同吗？

6. 蝌蚪是先长出前脚，还是先长出后脚？

7. 刺鱼身上的刺一共有几根？是怎样分布的？

8. 从外观上来看，家燕的巢和金腰燕的巢有何不同？

9. 为什么不能用手直接碰鸟巢里的蛋？

10. 雄萤火虫有翅膀吗？夜晚时，请你用玻璃杯罩住一只雌萤火虫，它发出的光会把雄萤火虫招来哟。

11. 在自己的巢里铺一层鱼刺的是什么鸟？

12. 燕雀、金翅燕和柳莺的巢搭在树杈上，为何能这么隐蔽？

13. 在夏季，是不是所有的鸟都孵一次雏鸟？

14. 在我们这里，有捕食生物的植物吗？

15. 在水下利用空气给自己做房子的是哪种动物？

16. 哪种动物在自己的孩子还没有出生时，就把孩子交给了别人来抚养？

17. 谜语：一只老鹰，飞得很高，张开翅膀，遮住太阳。

18. 谜语：树木倒下去了，山站起来了。

19. 谜语：一串串珠宝，挂满了枝头，若是没了它们，肚子就会咕咕叫。

20. 谜语：一屈一蹦，咕咚一声，水花四溅，不见踪影。

21. 谜语：推不动，拉不走，时间一到，自己就跑了。

22. 谜语：只见拔草，不做草鞋。

23. 谜语：没有身子还能活，没有舌头还能说话；谁也没见过它，可都听到过它的声音。

24.谜语：不是裁缝，不会缝衣，却总把针带在身边。

公告栏:"火眼金睛"称号竞赛（三）

谁在这里住着?

观察图一,花园里的两棵树上,分别有两个树洞,如何辨认哪个洞里住的是什么鸟儿?

观察图二,住在地底下的是哪种看不见的动物?

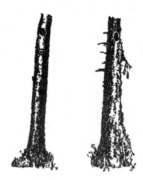

图一　　　　　　　　　　　　图二

观察图三,这些洞穴里住着什么动物?

观察图四,这个用苔藓做成的小屋是什么动物的巢?

图三　　　　　　　　　　　　图四

观察图五、图六，这两个洞大体相同，是同一种动物挖的，可却住着不同的动物。每个洞里都住着哪种动物？

图五

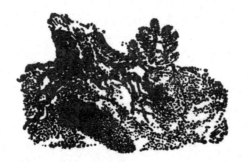

图六

要保护好我们的朋友！

在我们这里，小朋友们经常会捣毁鸟巢，他们没有目的性，只是为了好玩。他们没有意识到自己的行为会给大自然带来多大的危害。科学家计算过，每只鸟儿，即便是最小的鸟儿，也会给我们的农业和林业带来好处。每个鸟巢里，会有4~24只雏鸟。你可以算一算，捣毁一个鸟巢，会给我们造成多大的损失？

小朋友们！我们来成立一只鸟巢保护队吧！

我们组建好保护队后，就要尽职尽责，保护好我们的鸟巢，不让别人去捣毁它。不要让猫跑到灌木丛和树林里去，因为猫喜欢捕捉鸟儿，还可能会捣毁鸟巢。要大力宣传为什么要保护鸟儿，鸟儿是如何保护我们的农田、森林和果园的，鸟儿是如何捉害虫的。

森林报 第五期

夏二月：雏鸟出生月

7月21日—8月20日 太阳进入狮子座

导读

　　夏二月阳光充足，金灿灿的阳光晒着绿色植物，将绿色植物也染成金色。夏二月是雏鸟出生月，鸟儿都顾不上歌唱了，它们要专心哺育刚出生的雏鸟。因为刚出生的雏鸟浑身光溜溜的，还没有保护身体的羽毛，如果把雏鸟单独丢在森林里，它们将很难存活下来。

一年——分12个月谱写的太阳诗篇

　　7月——正值盛夏时节，它不知疲倦地装饰着这个世界，它吩咐黑麦谦卑地向大地鞠躬致敬。此时，燕麦已经穿上了长袍，而荞麦却连衬衣都没穿！

　　绿色植物用阳光为自己塑造着身躯。成熟的黑麦像一片波浪翻滚的海洋，我们将它们储藏起来，足够食用一年。我们为牲口储备了粮草，一大片青草被割倒，形成无数像小山丘一样的干草垛。

　　此时，鸟儿变得沉默寡言，它们已经顾不上唱歌了。每个鸟窝里都有了刚出生不久的雏鸟，它们的羽毛还没长好，浑身光溜溜的，就连眼睛也睁不开，未来很长一段时间内它们都需要父母的照料。幸好，地上、水中、林里，甚至空中，到处都是雏鸟的食物，足够所有雏鸟填饱肚子！

　　森林里到处都是小巧玲珑、味美多汁的浆果，有草莓、黑莓、覆盆子及醋栗。北方生长着金黄色的云莓，南方果园里则生长着草莓和甜樱桃。草地脱下了金黄色的衣裳，换上一条绣满洋甘菊的衣裳，洋甘菊白色的花瓣可以帮助它们反射灼热的阳光。这个时节的阳光可不容小觑，它们可不能跟它开玩笑，它的爱抚会把它们灼伤的！

森林里的小孩子

导读

　　森林里变得热闹起来，许多动物都在这个季节生了孩子。有的动物没有责任心，不管自己刚出生的孩子。有的动物则尽职尽责，为了保护孩子可以献出自己的生命。让我们一起来看看它们都是如何照顾自己的孩子的。

　　罗蒙诺索夫城外的大森林里，有一头年轻的雌麋鹿。今年，它生下了一头小麋鹿。

　　同一个森林里，白尾雕的巢里也刚刚孕育出两只小白尾雕。

　　黄雀、燕雀、黄鹂也都孵出五只幼鸟。

蚁䴕[1]孵出八只幼鸟。

长尾巴山雀孵出十二只幼鸟。

灰山鹑孵出二十只幼鸟。

刺鱼窝里的每颗鱼卵都孵出一条小刺鱼，共有一百多条！

欧鳊鱼孵出数十万条小鳊鱼。

鳖鱼的孩子更是数不胜数——或许有上百万条吧！

没有妈妈照顾的孩子

鳊鱼和鳕鱼不会照顾它们的孩子，它们生下鱼卵后就游走了。小鱼怎么出生，怎么生活，怎么觅食，它们都一概不管。这也是没办法的事，如果你生了几十万个甚至几百万个孩子，你也会照顾不过来的！

一只青蛙可以生下一千个孩子，它也照顾不过来自己的孩子！

没有父母照顾的孩子想要活下来是很不容易的。水下有很多贪吃的家伙，它们特别喜欢吃美味可口的鱼卵、青

---

[1]蚁䴕（liè）：啄木鸟科。灰褐色，羽毛斑驳驳杂乱，长着圆锥形短嘴喙，以蚁类和蛹为食。

蛙卵、小鱼和蝌蚪。

很多小鱼和蝌蚪还没来得及长大就不幸夭折了，它们会面临被吃掉的危险，想想真令人不寒而栗！

无微不至地照顾孩子的妈妈

驼鹿妈妈和所有的鸟儿妈妈都称得上是称职的好母亲，它们会无微不至地照顾自己的孩子。

驼鹿妈妈随时愿意为自己的孩子献出生命。即使是凶猛的熊想攻击小驼鹿，驼鹿妈妈也会前后蹄一齐用力朝熊乱踢，让熊下次再也不敢伤害它的孩子。

有一次，我们的森林记者在田地里偶遇一只小山鹑，这只小山鹑从他们的脚边跳了出来，想要蹿进草丛。记者就把小山鹑捉住了，小山鹑立刻发出啾啾的尖叫声。忽然山鹑妈妈不知从哪儿冒出来，它一见自己的孩子被人类捉住了，就着急地朝森林记者扑了过去，嘴里还发出咕咕咕的叫唤声。结果山鹑妈妈太着急了，一个猛子摔在地上，翅膀耷拉了下来。森林记者以为它受伤了，便放下小山鹑，跑过去查看它的情况。

山鹑妈妈一瘸一拐地跳着，眼看森林记者就要走到它跟前了，森林记者只要一伸手就能捉到它。但是就在这时，山鹑妈妈飞快地一闪，闪到了一边。森林记者连忙追上去，可山鹑妈妈拍拍翅膀，在森林记者快追上它之前大摇大摆地飞走了。

这时，森林记者转过头再去找小山鹑，哪里还有小山鹑的踪影？原来，这是山鹑妈妈为了救自己的孩子而使出的调虎离山之计，它故意装出受伤的样子引开森林记者。它可能就是这样，将自己的二十个孩子都保护得很好！

鸟儿的工作日

天刚亮，鸟儿就开始忙工作了。

椋鸟每天工作十七个小时，家燕每天工作十八个小时，雨燕每天工作十九个小时，红尾鸲每天要工作二十个小时以上。

我专门查过，事实的确如此，鸟儿每天想偷懒不工作都不行。

雨燕为了喂饱自己的雏鸟，每天要往窝里运送三十次至三十五次食物，椋鸟每天至少要运送二百次，家燕至少要运送三百次，红尾鸲则要运送四百五十次。

在夏天结束前，鸟儿要为森林消灭多少害虫，真是数也数不清！

它们真是一刻不停地工作呀！

——尼·斯拉底科夫

刚孵出的雏鸟

这是刚刚孵出来的鵟[1]。它的喙上长着一个白色小疙瘩，那就是"凿壳齿"，鵟的雏鸟就是用"凿壳齿"凿破蛋壳的。

鵟成年后，会成为十分残忍的猛禽，成为啮齿类动物的天敌。但现在，它还只是一个小家伙，浑身毛茸茸的，眼睛还没有完全睁开，看上去有点儿滑稽。它现在是那么娇弱无力，仿佛一刻也离不开自己的父母。要是它的父母不给它喂食，它就活不下去了。

---

[1]鵟（kuáng）：鹞鹰的一种。体形细瘦，毛色暗淡单一，腿很长，常低飞于草甸和沼泽上，以鼠、蛇、蛙、小鸟和昆虫为食。

不过，雏鸟里也有从小就活泼好斗的小家伙。这些小家伙刚从壳里出来，就会蹦蹦跳跳地自己去找东西吃。它们不怕水，遇到敌人的时候也知道躲起来。

有两只小田鹬，它们刚刚出壳一天就离开了窝，自己出来找蚯蚓吃了！

田鹬的蛋之所以很大，是为了让小田鹬在蛋壳里就能长得身强体健。

小山鹑也是如此，它刚出生不久，就能抬腿跑了。

还有一种野鸭——秋沙鸭，它们的孩子也是刚出生不久就能晃晃悠悠地走到小河边，扑通一声跳进水里游泳。秋沙鸭天生会潜水，小秋沙鸭一下水就畅行无阻，它还时不时将身子探出水面伸个懒腰，那架势已经与成年的秋沙鸭一样了。

相较之下，旋木雀的孩子们就十分娇气了，它们在窝里待了整整两周才飞出来。它们飞出来之后就蹲在树墩上懒洋洋地休息。它们的脸上露出一副不开心的表情，原来是它们的妈妈半天没飞回来喂食了！它们都已经出生两周了，却还喜欢吱吱吱地叫个不停，张着嘴让妈妈喂它们青虫和其他好吃的食物。

岛上的移民区

一群小海鸥在一座岛屿的沙滩上避暑。

一到夜里，它们就会睡在小沙坑里，每个小沙坑里睡三只。放眼望去，整个沙滩上到处都是小沙坑，俨然成了海鸥的移民区！

白天，小海鸥在大海鸥的带领下学习飞行、游泳和捉小鱼。大海鸥一边教小海鸥生存的本领，一边还要时刻警惕敌人，保护小海鸥的安全。[1]

如果有敌人胆敢靠近小海鸥，它们就会成群结队地飞起来，并且同时发出尖厉的叫声，一齐向敌人扑过去。这架势，谁见了不惧怕三分呢！

就算是海上那些体形巨大的白尾雕见了，也会落荒而逃的。

---

[1]见插图六。

雌雄颠倒

我们收到了来自全国各地的信件，信件中写着他们与各种稀奇的鸟儿相遇的故事。

这个月，人们在莫斯科、阿尔泰山区、卡马河流域、波罗的海、雅库特、哈萨克斯坦等地都看见过一种鸟儿。这种鸟儿既漂亮又可爱，长得很像卖给钓鱼爱好者们的那种鲜艳浮标，颜色亮丽。它们非常信任人类，即便你距离它们只有五步远，它们也毫不害怕，还是会在近岸的地方游来游去。

这个时节，别的鸟儿都在窝里孵蛋，或去抓小虫子哺育雏鸟。而这种鸟儿却已经成群结队地周游全国了！

令人称奇的是，这些毛色鲜艳的漂亮鸟儿都是雌鸟。一般来说，在大自然中雄鸟的毛色要比雌鸟的毛色更鲜艳，这种鸟儿却恰好相反，它们雄鸟的羽毛灰不溜丢，雌鸟的羽毛却鲜艳明丽。

更令人称奇的是，这种鸟儿的雌鸟对自己的孩子不闻不问。雌鸟在遥远的北方苔原寻找一个小沙坑，把鸟蛋产在小沙坑里之后，就拍拍翅膀飞走了！反而是雄鸟会留下来孵蛋，并哺育和保护雏鸟。

这真是雌雄颠倒！

这种鸟儿就是鹬——圆喙瓣蹼鹬，这种鸟儿现在随处可见，今天在这儿出现，明天在那儿出现。

🦋 阅读感悟

　　大自然真是奇妙，我们阅读到了动物是如何照顾自己刚出生的孩子的，其中最特别的是圆喙瓣蹼鹬，它们的奇特之处就在于雄鸟与雌鸟的分工与其他鸟儿不一样。圆喙瓣蹼鹬的雌鸟把蛋产下后就离开了，而雄鸟则需要孵化和哺育雏鸟。

林中大事记

导读

　　夏二月的森林发生了很多趣事。被鹡鸰夫妇养大的布谷鸟，被熊妈妈带到河边洗澡的熊崽，还有喝着猫奶长大的兔子，动物都在这个季节带着孩子出来活动了。还有哪些动物带着孩子出来玩了呢？

残忍的雏鸟

　　娇小可爱的鹡鸰妈妈在鸟窝里孵出六只光溜溜的雏鸟。其中五只雏鸟长得像模像样的，第六只雏鸟却像个丑八怪。它浑身的皮都十分粗糙，大大的脑袋，鼓鼓的眼睛，下垂的眼皮，还长着一张大嘴，它一张嘴准会吓你一跳！

　　刚出生的头一天，这个丑八怪还老老实实地在鸟窝里躺着。只有鹬鸰妈妈飞回来喂食时，它才费力地抬起沉重的大脑袋，张开大嘴，有气无力地吱一声，似乎在说："喂我点儿吃的吧！"

　　然而，到了第二天早上，鹬鸰爸爸和鹬鸰妈妈都飞出去觅食了，这个丑八怪就活跃起来。它低下头，用脑袋抵住鸟窝的底部，叉开双腿，身体往后退。它退着退着，就把光秃秃的翅膀往后面一甩，用屁股去撞它的兄弟，接着便往那个兄弟的身下挤。更过分的是，这个丑八怪还用自己的那对光秃秃的小翅膀夹住那个兄弟，像螃蟹用钳子夹住小鱼小虾一样。它夹着那个兄弟，不停后退，一直退到鸟窝的边上。

　　那个兄弟比它个头儿小，身体又弱，眼睛还没完全睁开，正手脚乱蹬着。这个丑八怪用脑袋和双脚支撑着，把自己背上的那个兄弟高高抬起，抬到鸟窝边。突然，它铆足劲，猛得一掀屁股，把它的小兄弟摔到了鸟窝外。

　　鹬鸰的鸟窝筑在河岸上方的悬崖上。那只刚出生不久的小鹬鸰啪的一声摔在石头上，摔死了。

　　这个可恶的丑八怪也差点儿摔到鸟窝外，它在鸟窝边上摇晃了许久，多亏它那颗沉重的大脑袋稳住了它的身子，它才慢慢将自己挪回鸟窝里了。

这场可怕的事件也不过只用了两三分钟。

此时，这个丑八怪已经累得精疲力竭，它在鸟窝里足足躺了十五分钟才缓过劲儿来。

鹡鸰爸爸和鹡鸰妈妈衔着食物回来了。丑八怪又若无其事地抬起沉重的大脑袋，张开大嘴，有气无力地吱一声，似乎在说："喂我点儿吃的吧！"

这个可恶的丑八怪吃饱喝足后，便又故技重施，开始对付它的第二个兄弟了。这个兄弟却没那么容易对付，它激烈反抗，数次从丑八怪的背上滚落下来。但是，这个丑八怪不达目的誓不罢休！

五天过去了，当丑八怪彻底睁开眼睛时，发现鸟窝里只剩它自己了，它的兄弟都被它扔到鸟窝外摔死了。到了第十二天，它终于长出了羽毛。这时，鹡鸰爸爸和鹡鸰妈妈才恍然大悟，原来它们喂养的这个丑八怪是布谷鸟丢弃的孩子。

但是这个丑八怪叫得实在太可怜了，叫声太像它们那五个死去的孩子。丑八怪抖着翅膀凄厉地叫着，张着嘴讨食物吃。娇小可爱的鹡鸰夫妇怎能忍心拒绝它呢，再怎么样也不能把它活活饿死的。

鹡鸰夫妇真可怜，它们每天起早贪黑、忙忙碌碌，自己来不及吃一顿饱饭，就要为它们的养子——小布谷鸟送上肥美的毛毛虫。鹡鸰夫妇几乎得把整个脑袋都伸进小布谷鸟的大嘴里才能把食物送进去。

鹡鸰夫妇一直把小布谷鸟喂到秋天，它才终于长大了。小布谷鸟一长大，就忙不迭地飞走了。此后，它都没有再回来看望过它的养父母。

小熊洗澡

一天，我们熟悉的一位猎人正沿着林间小河的河岸边走着，突然听见一声树枝被压断的巨响。他大惊失色，连忙爬上了树。

只见密林里走出一只深棕色的大母熊，后面跟着两只蹦蹦跳跳的熊崽和一只一岁大的小熊。这只小熊是熊妈妈的大儿子，它现在已经能充当两只熊崽的保姆了。

熊妈妈在河岸边坐了下来。

小熊咬住一只熊崽的后脖颈儿，将它叼起来浸到河水里。

熊崽尖叫起来，四条腿乱蹬。可是它的哥哥紧咬着它不松口，直到给它彻彻底底洗干净才把它放回河岸。

另一只熊崽害怕洗凉水澡，扭头就钻进密林里了。

小熊一个箭步追了上去，揍了它一顿，接着也将它叼起来浸到河水里。

小熊洗着洗着，突然掌下一滑，它松开了口，把熊崽掉到水里了。熊崽大叫起来！熊妈妈赶紧跳下水，把熊崽拖上岸，然后狠狠地打了小熊几巴掌，小熊委屈极了！

两只熊崽洗完这个凉水澡通体舒畅。天气炎热，它们穿着厚厚的毛皮大衣可是很热的！

洗完澡，熊妈妈带着孩子们回到密林里去了。我们的猎人朋友这才从树上爬下来，回家了。

浆　果

森林里的浆果成熟了。现在大家在果园里采树莓、越橘及醋栗。

树莓是一种丛生灌木，在森林里也随处可见。它的茎很脆弱，如果你从一片树莓丛中穿过，就会碰断它们的茎，脚下发出一阵噼里啪啦的声响。不过，即使茎被碰断，对树莓来说也并没有什么损失。这些挂满浆果的树茎只能存活到冬天到来之前。从树莓的地下根须里会冒出许多细嫩的新枝，这些新枝浑身都是毛茸茸的细刺。等到明年夏天，它们就能开花、结果了。

在灌木丛、草丛、伐木空地的树桩旁，越橘果已经红了半边，马上就要成熟了。

一串串越橘果长在枝头，其中几串越橘果沉甸甸地把枝头都压弯了，都碰到了地面的苔藓。

我们很想移植越橘到家里培育。在家里精心培育的话，越橘果会不会长得大一些呢？可惜现在人工培育技术尚未成熟。越橘果真是一种美味的浆果，它可以保存一个冬天，而且它食用方便，什么时候想喝越橘果汁，直接取出越橘果洗干净，再将它捣碎就可以了。

越橘果为什么不易腐坏呢？因为它本身自带防腐功能。越橘果中含有苯酸，而苯酸可以为它们保鲜。

——尼·巴甫洛娃

喝猫奶长大的兔子

我们家养的母猫今年春天生了几只小猫，后来小猫都被送走了。这天，我们在森林里捉到一只小兔子。我们便把小兔子放在了母猫的身边，哺乳期的母猫奶水很足，它也乐意给小兔子喂奶。

于是，小兔子就喝着猫奶长大了。母猫和小兔子的感情非常好，连睡觉时也不分开。

最有意思的是，母猫还教会小兔子跟狗打架。但凡有狗跑进院子，母猫就立刻扑过去，朝着狗一顿乱抓。小兔子也不甘落后，紧跟在母猫身后，举起两只前腿像打鼓一般朝狗身上敲击，打得狗毛乱飞。附近的狗都害怕这对"母子"。

小歪脖鸟的把戏

我家的猫在树上发现一个疑似鸟窝的小洞，它想抓小鸟吃，便爬上树朝树洞里探看。谁知，洞里竟藏着几条来回扭动着的小蝰蛇，洞里还传出连续不断的咝咝声！这把猫吓坏了，它赶紧从树上跳下来，撒腿跑远了！

其实，树洞里的根本不是蝰蛇，而是歪脖鸟的雏鸟。它们故意盘成一团，来回扭动，伪装成蝰蛇的样子，并且发出蝰蛇的叫声，就是为了迷惑、防御乃至吓跑敌人。毕竟，有毒的蝰蛇令所有动物闻风丧胆！

会"遁地"的黑琴鸡

一只鵟从半空中往下看，看见一只黑琴鸡带着小黑琴鸡在散步。

鵟心想，这下可以饱餐一顿了。它从空中瞄准目标，正准备俯冲向它们，却被黑琴鸡发现了。

黑琴鸡大吼一声，小黑琴鸡一眨眼就都不见了。鵟四下观望，一只黑琴鸡的影子也瞧不见了，它们好像遁地般凭空消失了！鵟无奈，只好飞走了。黑琴鸡见它飞走了，又吼了一声，小黑琴鸡立刻蹦蹦跳跳地重新回到了妈妈身边。

其实，小黑琴鸡并没有遁地，也没有去别的地方，它们只是躺倒下来紧贴着地面。从半空望去，小黑琴鸡的毛色与地面的颜色接近，鸳自然发现不了它们！

可怕的食虫花

森林里沼泽地的上空飞过一只蚊子。它来回飞了几圈后疲惫了，便想找点儿水喝。它看到一朵好看的花，花下是绿莹莹的细茎，上面挂着一串串白色的小铃铛。小铃铛下长着许多带着绒毛的紫红色小圆叶，绒毛上还闪烁着晶莹的露珠。

这只蚊子落在一片小圆叶上，想尝尝露珠解渴。谁知这露珠特别黏，一下子就把蚊子的嘴粘住了。

瞬间，小圆叶上的绒毛都跟着动了起来，继而小圆叶合上了，将这只蚊子裹在了里面。

过了一会儿，小圆叶再度张开，一张干瘪的蚊子壳落在了地上——它的血都被吸干了。

这种可怕的食虫花名叫毛毡苔。它会反复使用这样的计策，将一只又一只蚊子捉住、吃掉。

在水底斗殴

那些生活在水下的小家伙和生活在陆地上的小家伙一样，都十分喜欢打架。

两只正在池塘里游泳的小青蛙发现了一只怪模样的蝾螈，这只蝾螈有着细长的身体、大大的脑袋和四条短腿。

"这只怪物的样子实在太滑稽了！"小青蛙说道，"我们应该教训它一下！"

于是，一只小青蛙咬住蝾螈的尾巴，另一只小青蛙咬住蝾螈的右前腿。两只小青蛙一起用力，使劲一拽，蝾螈的尾巴和右前腿被它们扯断了，可蝾螈却趁机逃走了。

几天后，两只小青蛙在水底又遇到了这只蝾螈。这时，它成了真正的怪物，它身上断尾的地方长出一条腿，断腿的地方却长出了一条尾巴。

蝾螈像蜥蜴一样，也有断尾再生的本事。蜥蜴的尾巴断了可以重新长出一条新的尾巴，蜥蜴的腿断了也可以再长出一条新的腿。蝾螈在这方面有过之而无不及，只是它们有时会出岔子：在断尾的地方长出腿，在断腿的地方长出尾巴。

景天的种子

我想为大家介绍一种植物——已经开过花的景天，俗名"八宝"。我十分喜欢它，尤其喜欢它那圆乎乎的灰绿色小叶子。这些小叶子密集地覆盖在茎上，将茎都遮住了。景天的花像艳丽的五角星，非常漂亮。

此时，景天的花已经凋谢了，它结出了五角星形状的果实。这些果实紧紧地闭合着，这并不是由于它们尚未成熟，而是它们在晴朗的天气里总是闭合的。

我可以让它们的果壳张开——只要从水洼里弄点水，滴一滴水在小五角星的正中央，果壳就会张开，将种子袒露出来。景天的种子并不像其他的植物种子那样怕水，它们很喜欢水。往景天的种子上多滴些水，它们的种子就会顺着水掉下来。

帮助景天播种的，不是微风，不是鸟儿，而是水。我曾亲眼见过在陡峭的石缝中也生长着景天，我猜测它应该是被峭壁流下来的雨水冲到那里的。

——尼·巴甫洛娃

潜水的小红头潜鸭

我在河边准备洗澡时，看到一只大红头潜鸭在教它的孩子游水。大红头潜鸭像一只小船在水面上浮游，小红头潜鸭们在水底潜游。只要小红头潜鸭们一钻进水底，大红头潜鸭就会朝它们游去，不断地观望。等到小红头潜鸭们从芦苇旁钻出水面，它们就游进芦苇荡深处去了。

看到这里，我才开始洗澡。

神奇的小果实

牻牛儿苗是一种杂草，生长在我们的菜园里。这种杂草长得平平无奇，会开出普通的紫红色花朵，但是它们的果实却很神奇。

现在，牻牛儿苗的花已经凋谢了大半，每个花托上都长出一个"鹤嘴"。原来，每个"鹤嘴"都是五个尾部相连在一起的果实，它们轻而易举就能分开。分开以后，就能得到牻牛儿苗的种子了。它的种子上面带尖，满身刺毛，下面长着一条镰刀似的小尾巴，尾巴尖儿就像螺旋桨那样弯曲环绕着，但是如果它们受了潮，就会变直。

如果把一粒种子放在手掌上，对它呵一口气，它就会转动起来，它的小刺会将手掌弄得痒痒的。这时，因为潮湿的气体，种子的尾巴尖儿便不再像螺旋桨那样弯曲环绕了，而是变直了。

牻牛儿苗为什么要长成这样呢？原来，它的种子在接触地面的时候就会扎进土里，然后用它那镰刀似的小尾巴钩住小草。在天气潮湿的时候，尾巴尖儿就会打开、变直，风一吹，尾巴尖儿就开始旋转，种子便能钻进土里了。

种子想要再从土里出来，可就难上加难了，因为种子上的小刺是往上翘的，泥土压着它，种子跑不掉。这样一来，这种神奇的植物就能自己播种了！

以前，在湿度计还没有被发明出来的时候，人们就利用这种神奇的果实来测量空气湿度。由此可见，这种果实的小尾巴对湿度有多么敏感。人们只要将这个种子的小尾巴放在一个特定的位置，它的小尾巴尖儿就会开始移动，人们便能依据它的移动来测量空气湿度。

——尼·巴甫洛娃

小鸊鷉

一次，我在河岸边散步，看见河面上有一种鸟儿，它们长得既不像野鸭，也不像别的鸟儿。它们到底是什么鸟儿呢？野鸭应该是扁嘴的，但这些鸟儿却是尖嘴的。

我连忙脱掉衣服，下水追赶它们，吓得它们立刻朝对岸逃去。我在它们后面穷追不舍，眼瞅着就要逮住其中一只了，它们却掉转头，往回逃了。我转过身接着追赶，它们又逃开了。我就这样一路追赶，累得气喘吁吁，还是没追上它们，甚至连上岸的力气都没有了。

之后，我又遇见过它们几次，只不过，我再也不敢下水去追赶它们了。原来，它们不是小野鸭，而是还没长大的鸊鷉。

——驻林地记者 库罗西金

夏末的铃兰花

8月5日

小河边和我家的花园里，都长着铃兰花。铃兰5月就开花了，大科学家林奈用拉丁语给它们取了一个雅号——"空谷幽兰"。

我最喜爱铃兰花了，它的花朵如白瓷般洁白无瑕，它的绿茎韧性十足，它的叶子细长柔嫩，它的香气清幽绵长、回味无穷！在我看来，它是那么高洁、那么富有生机！

春天，我会清早起床，专程去采摘铃兰花。我每天都会带回一束新鲜的铃兰花，把它养在水中。这样，屋子里从早到晚都会充满铃兰花的幽香。

我们家乡的铃兰是在 6 月开花，可是现在都到夏末了，我心爱的铃兰花又一次给我带来了惊喜。

那天，我偶然在铃兰花的大尖叶子下发现了橘红色的小圆球，我蹲下去，拨开叶子一看，原来这橘红色的小圆球是铃兰花的果实。铃兰花的果实很坚硬，是椭圆形的，我想把它们做成耳环，送给我的好朋友！

　　　　　　　　——摘自少年自然界研究者的日记

天蓝的和草绿的

8 月 20 日

今天我起得很早，起床后我朝窗外一看，不禁惊叹道：天哪！青草居然变成天蓝色的草了！这完全就是天蓝色！这些天蓝色的草正闪闪发光，上面的露珠把它们压得垂下了头。

你可以试着把白色和绿色掺在一起，它们就会变成天蓝色。原来，露珠落在青草上，就会把青草染成天蓝色。

我还看到几条绿色的小径穿过天蓝色的草地，从灌木丛通往窝棚。我们的窝棚里储存着很多粮食，这可能是一窝山鹑跑到村里偷粮食而踏出来的绿色小径。

现在，山鹑又来到了打谷场上，它们的羽毛是淡蓝色的，胸脯上长着一个马蹄形的深褐色斑纹。它们正不停地啄食，发出连续不断的笃笃声。趁大家还没睡醒，它们要抓紧时间多吃点儿！

我望向远处，森林边有一片燕麦田，尚未收割的燕麦也变成了天蓝色。一个猎人扛着猎枪驻守在那里。猎人一定是在防备黑琴鸡的侵犯！最近，黑琴鸡妈妈经常带着孩子到田里觅食，它们也在天蓝色的燕麦田里踏出了一条绿色小径。因为黑琴鸡跑过燕麦田时，把燕麦上的露水碰得坠落下来。猎人一直没有放枪，黑琴鸡妈妈可能已经带着孩子们逃回森林里了。

——摘自少年自然界研究者的日记

请爱护森林

假如干燥的树木遭遇闪电，那后果将不堪设想！假如有人在森林里丢下一根未熄灭的火柴，或没把篝火熄灭就离开，那后果同样不堪设想！

火苗就像一条细蛇，它能爬出篝火，钻进苔藓和干枯的树叶中。转瞬之间，它又蹿了出来，贴着灌木，又蹿到另一堆干枯的树叶那里了……

消灭森林之火，刻不容缓！趁火势还小，倾一人之力就可以把它扑灭。这时候，你需要立刻折下一些带叶子的新鲜树枝扑打火苗。千万别让火势扩大，更别让火势转移，尽可能地呼唤你的朋友来帮忙。

如果此时你身旁有铁锹或结实的木棍，就可以挖些土，用土和草皮将火苗盖住。

如果火苗已经从地面蔓延到树上，又从一棵树蹿到了另一棵树上，这场森林之火就真正宣告开始了。这时候需要拉响警报，找人救火！

阅读感悟

　　这个季节，不仅动物在成长，植物也在生长。景天靠水流播种，牻牛儿苗种子上长出的小尾巴能测量空气湿度，就连铃兰花也结了橘红色的小圆球。这些神奇的植物就在我们身边，只要我们平时细心观察周围的植物，就能发现它们。

林间大战（续前）

导 读

我们的森林记者辗转来到了第三块林间空地，现在这里山杨和白桦树已经联手将阳光遮住了，那些浓密的树叶帐篷让其他植物无法生长。但是云杉很有耐心，在这样的局面下，它们的种子还是破土而出了。云杉是如何生长起来的呢？

我们的森林记者来到了第三块林间空地，这可是伐木工人用了十年时间开辟出来的。此后多年，这块空地一直处于山杨和白桦的统治下。

山杨和白桦以胜利者的姿态霸占着这块空地，不给其他植物入住这里的机会。每年春天，其他植物都想从土里钻出来，但它们很快就被那些浓密的树叶帐篷闷死了。云杉每隔两三年会结一次种子，这些种子就会派一批伞兵去空地设法安营扎寨。只可惜，这些云杉种子的命运像其他植物一样，还不等从土里钻出来，就被小白桦和小山杨浓密的树叶帐篷闷死了。

小白桦和小山杨不是按天生长的，而是按小时生长的。转瞬之间，小白桦和小山杨就在空地上长得枝繁叶茂了。它们开始觉得空间拥挤了，于是彼此之间有了一些摩擦。

这片空地上的树木开始了争夺地盘的纷争。无论是在地面上还是在地底下，每棵树都希望占据更多的空间，每棵小树都越长越粗，离它们的邻居越来越近。

那些强壮的小树比孱弱的小树长得快，它们扎根更牢，树根更粗，树枝也更长。它们长高之后，就会把枝叶伸到旁边小树的头顶上，用自己的枝叶遮住旁边的小树，从此，旁边的小树就失去阳光了。

在大片枝叶的遮蔽下，最后一批孱弱的小树活不下去了。这时，那些矮小的野草费了好大的力气才从土里钻了出来，但是它们构不成什么威胁，那些高大的树就放任它们在脚下生长了！这样一来，冬天的时候还能给自己的树根保暖呢！只不过，那些胜利者们的种子落到潮湿幽暗的草丛时，就会窒息而亡了。

云杉很有耐心，每隔两三年，它们就会派遣新的伞兵过来开拓疆土。那些胜利者们完全不把这些小东西放在眼里。它们能成什么气候呢？就让它们落到潮湿阴暗的草丛深处，自生自灭吧！

最终，云杉的种子还是破土而出了，只不过生长在潮湿阴暗的环境中，它们的处境十分艰难！实际上，它们只需要一点儿阳光就能肆意生长，虽然它们看上去十分娇小、细弱。

话说回来，云杉的种子生长在这样的环境中也并非全无好处，至少这里不会有狂风来摧残它们，将它们连根拔起。即使暴风雨来临的时候，白桦和山杨被刮得东倒西歪，云杉的种子却能安然无恙地待在草丛深处。

草丛深处挺暖和的，无论春天的刺骨晨风还是冬季的严寒狂风都伤害不到它们。这里的环境和空旷的伐木空地有着天壤之别！秋天到来的时候，白桦和白杨的落叶腐烂后，散发出巨大的热量，草丛也有保温作用，小云杉们不会被寒冷的天气伤害，它们唯一需要忍耐的就是草丛深处那暗无天日的生活。

幸好，云杉不像白桦和山杨那样依赖阳光，这点儿黑暗对于它们而言不算什么，它们还可以顽强地继续生长。

我们的森林记者十分同情这些云杉树，期待看到它们接下来的情况。不过现在，我们的森林记者得去第四块空地采访了。期待他们下一次的报道。

农庄纪事

导读

　　虽然现在还不到秋收的季节，但是集体农庄的庄员们都很忙碌。因为这时候黑麦、小麦和亚麻都可以收割了，庄员们忙着收割它们。农庄里的孩子们则是跑去林子里采蘑菇、坚果和浆果。不管是大人们还是孩子们，都有活儿要忙！

　　又到了收割庄稼的季节。种植黑麦和小麦的田地一眼望不到边，像海洋一样辽阔。麦穗低下了沉重的脑袋，它们长得高壮结实、颗粒饱满，很快就会被收入粮仓。

　　亚麻也到了收割的季节，集体农庄的庄员们正忙着用收割机收割它们。机器的收割速度跟人工的收割速度完全不一样，机器快多了。庄员们只需要跟在收割机后面，把倒下的亚麻捆成一束一束的，每十束堆成一垛，就算大功告成了。不一会儿，亚麻田里就堆起一排排亚麻垛，像哨兵一样。

黑麦也到了收割的季节。庄员们正在黑麦田里忙碌着，那些结着肥硕饱满麦穗的黑麦在收割机的钢锯下，一排接一排地倒伏在地。庄员们把黑麦一束束捆起来，再堆成垛。田里的黑麦垛整整齐齐地堆着，就像运动员在参加盛大的庆祝活动一般。这样一来，山鹑不得不举家搬迁，从黑麦田里搬到其他农作物的田地里去了。

菜园里的黄瓜、胡萝卜、甜菜和其他蔬菜也都成熟了。庄员们把蔬菜运到火车站，火车把它们载到城里。城里的人们便能在这个时节品尝到新鲜多汁的黄瓜，喝到甜菜汤，吃到胡萝卜馅儿的馅饼了。

森林里随处可见采蘑菇、树莓和越橘的孩子们。他们还会去榛子林里采榛子，直到将口袋装得满满的才肯从榛子林里出来。

大人们可就没时间采榛子了，他们得忙着给麦子脱粒、敲打亚麻，还得用铁犁耕地，播种越冬的农作物了。

森林的朋友

我们这里的许多森林不久前都被毁掉了。此时，每个林区都在努力恢复植树造林，这项工作还得到了广大中学生的支持。

想要重新种植一个松林，需要找到好几百公斤的松子才能实现。三年来，中学生们收集了七吨半的松子。他们承担了修整土地、照料小松树苗、守卫森林、预防林火等职责。

——驻林地记者 查洛夫

谁都有活儿干

天刚蒙蒙亮，集体农庄的庄员们就都下地干活儿了。大人们走到哪儿，孩子们就跟到哪儿。在割草场、田地间、菜园里，到处都能看到孩子们劳作的身影。

看，这里有一群扛着耙子的孩子。他们麻利地把干草耙拢到一起，运送到大车里，然后运输到集体农庄的干草棚里。

孩子们还会帮助大人们清除亚麻田和土豆田里的杂草，如香蒲、滨藜、木贼等。

到了拔亚麻的时节，孩子们也会在亚麻地里出现，比收割机还准时。他们负责拔掉亚麻田角落里的那些亚麻，这样收割机转弯时就会更方便了。

收割黑麦的时候，也少不了孩子们的参与。当收割机驶过，大人们把黑麦堆起来的时候，孩子们就会把掉在地上的麦穗耙成一堆，收拾起来。

集体农庄新闻

红星集体农庄的田地里传来消息："目前这里一切顺利，谷粒已经成熟了。我们马上就要开始播种了。今后，你们不必再为我们操心了，也不必再来田里看望我们了。没有你们，我们也能过下去了！"

集体农庄的庄员们不禁笑道："这怎么行！我们不能不去田里看望你们，现在可是最忙的时候！"

拖拉机拖着联合收割机去田地里作业了。联合收割机能干许多类型的农活儿，收割、脱粒、簸扬，它把整个流程都包揽了。联合收割机驶入麦田前，黑麦高高地矗立着。等联合收割机驶过麦田后，黑麦就只剩下一些矮矮的残株了。联合收割机还可以直接产出脱好的麦粒，人们直接将这些脱好的麦粒晒干，然后装袋运走。

变黄了的土豆地

我们的森林记者去一个集体农庄采访时，注意到那里有两块田地种着土豆。其中一块田地比较大，土豆的叶子是深绿色的；另一块田地比较小，土豆的叶子已经变黄，像是要枯死了。

我们的森林记者决定弄清楚这到底是怎么回事，而后，他给我们发来了以下报道：

"昨天，那块叶子已经枯黄的田地里跑来一只公鸡。它先是把土豆地里的土刨松，又唤来很多母鸡，请它们一起吃新鲜的土豆。这个场景被一位路过的女庄员看见了，她笑着对她的女伴说：'真不错！公鸡打头阵来帮我们收土豆了，看来土豆已经提前成熟，明天一早我们就来挖土豆吧！'由此可知，这块田地里的叶子枯黄，说明土豆已经成熟。而另一块田地里土豆的叶子还是深绿色的，说明土豆尚未成熟。"

林中快报

森林里长出了第一个白蘑菇，肥硕又结实！

蘑菇帽儿上有个小坑，菌盖周围是湿润的流苏穗。流苏穗上粘着很多松针。白蘑菇周围的土地上有一些鼓起来的小土堆，把这些小土堆掘开，里面都是一个个大小不一的白蘑菇！

鸟儿的天堂

现在我们正乘船在喀拉海的东部航行，四周是无边无际的汪洋大海。

突然间，坐在桅杆顶上的执勤人员惊呼道："我们的正前方有一座倒立的岛屿！"

"怎么可能？他不会出现幻觉了吧！"我一边想着，

一边爬上了桅杆。

这下，我看得一清二楚了，现在我们的船正朝一个乱石嶙峋的岛屿驶去。这座岛屿果真是倒立在空中的，岛屿上没有任何东西托举着岩石！

"原来是海市蜃楼！"我对执勤人员说，"这有什么大惊小怪的，你不是见过海市蜃楼吗？"

正说着，我突然想到这是一种奇特的自然现象，北冰洋的海面上经常会出现这种现象。乘船行驶的时候，你有时会突然看到远方的海岸或船只，它们头朝下倒挂在空中。那其实是实际景物折射到空中产生的倒影，这和照相机的成像原理是一样的。

几个小时之后，我们行驶到了那个岛屿附近。当然，这座岛屿并没有倒挂在半空中，而是端正地矗立在海面上。

船长测定了方位，核对了地图，告诉大家这是比安基岛，它位于诺登舍尔德群岛的海湾入口处。这个岛的名字是为了纪念俄罗斯科学家瓦连京·利沃维奇·比安基，他也正是《森林报》所要纪念的那位科学家。大家都很想知道这座岛是什么样的，以及岛上都有些什么东西。

这座岛屿与其说是岛屿，不如说是一个乱石堆。它由很多杂乱堆积的岩石和石板组成。这里既没有灌木，也没有青草，只有几朵淡黄色和白色的小花。在背风的南面，岩石下遍布着地衣和一层薄薄的苔藓。其中一种地衣让我倍感亲切，因为它们很像我们那里的松乳蘑，我还从未在其他地方见过这种地衣。

在平缓的海岸边，我们看到一大堆木头，有原木、树干和一些木板，它们应该都是被海水冲过来的，或许它们漂浮了几千公里才抵达了这里。这些木头非常干燥，用手指轻轻敲它们，它们就会发出清脆的声响。

现在已经七月底了，可这里的夏天才刚刚开始。转暖的天气并不妨碍那些灼目的冰块、冰山静悄悄地从岛屿旁漂过。整个岛屿被浓重的雾气缭绕，从岛屿上只能看见过往的船只的桅杆，却看不见船身。不过，这里很少会有船只经过。这个岛屿上荒无人烟，岛上的动物一点儿也不怕人。如果想捉住岛上的动物，只要随身带点盐，往动物的尾巴上撒一点儿，就能轻而易举地捉住它们。[1]

比安基岛是真正的鸟儿的天堂。这里没有鸟儿的喧嚣，也不会出现成千上万只鸟儿挤在一处的情况。这里的大多数鸟儿都在岛上自由自在地生活。无数只野鸭、大

---

[1] 民间的说法，只要往鸟儿的尾巴上撒点盐，就能捉住它。

雁、天鹅、潜鸟及各式各样的鹬在这个岛上安居。再往高处一些，在那光溜溜的岩石上，许多海鸥、北极鸥及管鼻鹱在筑巢。这里有各式各样的海鸥，有浑身雪白的白海鸥，有长着黑翅膀的黑海鸥，有体形娇小、长着粉红色羽毛的海鸥，有体形庞大、性情凶猛的，以鸟蛋或小动物为食的北极鸥。这里有洁白如雪的极地猫头鹰，也有长着洁白翅膀和胸脯的美丽雪鸮，它们像云雀般飞到云霄里唱歌。这里还有长着黑"胡子"、黑"冠毛"、黑"犄角"，可以边跑边唱的极地百灵鸟。

这里的动物真是数不胜数！

早上，我带着早饭到海岬边闲坐。许多灰、黑、黄三色相间的旅鼠在我身边跑来跑去。这种啮齿动物个头儿很小，浑身毛茸茸的。

岛上还有很多北极狐，人们也叫它们"极地狐狸"。我曾发现一只北极狐蹲在一堆石头中间，它没蹲多久便蹑手蹑脚地走向一群还不会飞的小海鸥。幸好，大海鸥及时发现了北极狐，它立刻转身朝北极狐扑去，一阵吵闹、缠斗之后，北极狐夹着尾巴逃跑了！

这里的鸟儿懂得如何自我保护，也懂得如何让自己的孩子不受欺负。只是如此一来，这里的动物不免就会饿肚子了。

朝大海眺望，到处都是鸟儿飞来飞去的身影。我吹了声口哨，岸边的水底下瞬间钻出一个光滑锃亮的圆脑袋，它用一双黑溜溜的眼睛好奇地打量着我，或许它在想："这是哪里来的怪物！他为什么要吹口哨呢？"

这个圆脑袋的小动物是环斑海豹，它的个头儿很小。

接着，离岸稍远的地方又出现一只个头儿大一些的海豹。再远一些的地方，出现一些长着胡子的海象，它们的个头儿比海豹还要大一些。

就在这时，所有的海豹、海象都钻进了水里，鸟儿也尖叫着飞到了高空，原来一头白熊从水里探出脑袋。白熊是这一带最凶猛、最强悍的动物，没有哪个动物敢惹它，大家都很害怕它。

我觉得肚子饿了，这才想起吃早饭。我明明记得把早饭放在了身后的一块石头上，可是现在它却不见了。我在那块石头上找了找，一无所获。

我站起身，四下观望。一只北极狐从石头底下跳了出来。

啊！小偷！就是它偷吃了我的食物！它的嘴里甚至还衔着我用来包早饭的纸呢！

这里的鸟儿太过聪明，逼得动物只能做小偷了！

——远航领航员　马尔丁洛夫

阅读感悟

　　《鸟儿的天堂》是远航领航员写下的故事，向我们展示了一个世外桃源般的小岛——比安基岛。岛上的鸟儿懂得互相帮助，当可怕的白熊出现时，鸟儿会尖叫着飞上高空传递信号。我们在学习和生活中，也要乐于帮助他人，大家互相帮助才能共同进步。

打靶场：第五次竞赛

1. 鸟儿什么时候开始长牙齿？

2. 有两头牛，一头长有长长的尾巴，一头没有尾巴，哪头牛经常吃得饱？

3. 人们为何把这种蜘蛛（如下图所示）称为"割草能手"？

4. 猛禽和野兽在一年中的哪个季节吃得最饱？

5. 哪种动物出生两次、死一次？

6. 哪种动物在长大以前，要出生三次？

7. 人们在形容对人没有什么影响的事情时，为何老说"好像鹅背上留下的水"？

8. 在天热时，狗为什么要吐舌头，而马却不吐舌头呢？

9. 什么鸟儿的雏鸟不认得自己的妈妈？

10. 什么鸟儿的雏鸟在树洞里像蛇一样发出咝咝的叫声？

11. 依据秃鼻乌鸦的嘴，怎样分辨出它是年幼还是年长呢？

12. 哪种鱼的小鱼长大以前，大鱼会一直照料它们？

13. 蜜蜂蜇了人以后，会出现什么情况？

14. 刚出生的小蝙蝠吃什么东西呢？

15. 中午，向日葵的花朝向哪个方向？

16. 早上，田地还是蓝色的，到中午时，为什么就变成了绿色的呢？

17. 谜语：公公在山上跑，婆婆在天边跑；公公声音响，婆婆眼睛眨。

18. 谜语：一个老人，戴着小红帽。有人走过时，就低头哈腰。

19. 谜语：坐在棍子上，身穿红袍子，亮晶晶的小肚子，里面装满小石子儿。

20. 谜语：灌木丛里，咝咝作响，一不小心，咬到脚上。

21. 谜语：晚上地上睡觉，早晨不见踪影。

22. 谜语：住在林子里，砍树不用斧头，房子没有棱角。

23. 谜语：眼睛长在角上，房子在背上背着。

24. 谜语：花儿美丽无限，身上遍布尖刺。

公告栏："火眼金睛"称号竞赛（四）

大家来帮助流浪儿

在雏鸟诞生的这个月里，我们经常会看到雏鸟从树上掉下来，或者找不到自己的妈妈。它无助地躺在地上，不停地往灌木丛里钻，想躲避两条腿的庞然大物。但它的小腿没有力量，还没有长出翅膀，它并不知道自己要去哪里。

这时，你完全可以捉住它，把它放在手心里，目不转睛地看着它，心想："你这个小家伙是谁呀？到底是谁的孩子？你妈妈在哪里？"

可是，它只会啾啾地叫着，看上去挺可怜的。你肯定会想帮助它找妈妈，但却不知道它的爸爸妈妈是什么鸟儿。

这个时候，你一定是愁眉不展，不知道该怎么办。首先，你应该把眼睛睁大一些，猜出它们是什么鸟儿，这是有难度的，雏鸟不一定像它们的爸爸或妈妈。许多鸟儿的爸爸和妈妈长得也不是很像。

但是，你要相信自己有一双睿智的眼睛。你要仔细地看一看，雏鸟的腿和嘴有什么特点，然后去找与它的腿和嘴相似的鸟儿。雄鸟和雌鸟的羽毛毛色不太一样，雏鸟的羽毛还不足以拿来对比参照，它们要么是毛茸茸的，要么是还光着身子。但是根据雏鸟的嘴和腿，你可以认出它的爸爸和妈妈。

这样，你就可以把这个流浪者送还给它的爸爸妈妈了。

尾巴卷曲的黑琴鸡爸爸

黑琴鸡爸爸的尾巴有些卷曲，因而叫它"卷尾琴鸡"。你不可以只看尾巴，黑琴鸡妈妈的尾巴是直的，小黑琴鸡还没有长出尾巴。

野鸭妈妈

野鸭妈妈嘴有些扁，野鸭爸爸和小野鸭的嘴也是扁的。它们的脚趾间长着蹼，你要认真地看脚蹼是什么样的。别将野鸭和鸊鷉搞混了。

燕雀妈妈

燕雀在出生时，与其他的鸟儿一样，体形较小，身子光溜溜的，浑身无力。燕雀爸爸和燕雀妈妈体形、尾巴都很像，但是羽毛不大相同。只要看看它们的脚，你就可以认出燕雀的雏鸟。

红脚隼妈妈

猛禽的嘴如同钩子，脚上有锋利的爪子，幼隼也是如此。

鸊鷉爸爸

鸊鷉爸爸和鸊鷉妈妈长得非常像。小鸊鷉也很容易辨认，只要看看它的脚蹼和嘴就行了，这和野鸭的不一样。

森林报 第六期

夏三月：结队飞行月

8月21日—9月20日　太阳进入室女座

导读

　　夏三月的森林夜晚，有了闪电的装扮，它一闪一闪地照亮整个森林。而白昼的阳光不再是滚烫的，草地也在进行着最后的换装，花朵的颜色更深了。鸟儿要开始准备自己的旅途了，在天气彻底寒冷前，它们将飞往温暖的地方。

一年——分 12 个月谱写的太阳诗篇

　　8月是属于闪电的。夜晚，闪电悄无声息地照亮了整个森林，电光瞬息即逝。[1]

　　夏天就要过去了，草地在夏天过去前，进行着最后一

---

[1]见插图七。

次换装。此时，它变得更加色彩斑斓，草地上开着蓝色和淡紫色的花朵，花朵的颜色变得越来越深了。阳光逐渐变得温和，不再像之前那样炽热了。

许多蔬菜和水果都成熟了。晚熟的浆果也即将成熟，有树莓、醋栗，还有沼泽地上的越橘。

生性喜阴的蘑菇出生了，它们为躲避阳光就一直在阴凉处待着，像一个个避世的小老头儿。

树木都已经停止生长，不再长高、增粗了。

森林里的新规矩

导读

常言道："没有规矩，不成方圆。"在森林中，动物们都有自己的一套规矩。例如，鸟儿迁徙前，必须带着自己的孩子进行飞行训练，教给它们一些飞行技巧。除了鸟儿外，蜘蛛也有自己的一套规矩，往下阅读就知道啦！

森林里的居民们都已经长大，它们出来闯荡了。

春天的时候，鸟儿还是成双成对地住在自己的房子里，现在它们带着自己的孩子在森林里不停地迁居。

森林里的居民们彼此之间经常互相探访。就连那些猛禽和猛兽也不再固守自己的领地了，森林里遍地都是食物，足够它们饱腹的。貂、黄鼠狼和白鼬正满森林闲逛，不管它们逛到哪里，都能毫不费力地找到食物，总有笨头笨脑的鸟儿、涉世不深的野兔和粗心大意的老鼠被它们捉住。

成群结队的鸟儿在灌木和乔木间飞行穿梭，它们有自己的一套规则。

我为人人，人人为我

谁最先发现敌人，就要鸣叫一声，或吹个响亮的口哨，警告大家疏散开来。如果有一只鸟儿遭遇祸事，其他鸟儿必须一齐鸣叫，用尖厉的叫声把敌人吓跑。

它们有上百双眼睛、上百双耳朵时刻保持警戒，有上百张发声尖厉的喉咙随时准备鸣叫。队伍中的成员越多，幼鸟也就越安全。

幼鸟要遵守一个规矩：模仿成年鸟儿的一举一动。如果成年鸟儿正在慢悠悠地啄麦粒，幼鸟也必须照着做。如果成年鸟儿抬起头一动不动，幼鸟也必须照着做。如果成年鸟儿撒腿逃跑，幼鸟也得紧跟其后。

训练场

鹤和黑琴鸡为了训练它们的孩子，都各自准备了一块训练场。

黑琴鸡的训练场设在森林里。黑琴鸡妈妈让孩子聚集在那里，黑琴鸡爸爸负责训练它们。

尽管小黑琴鸡的叫声还细细尖尖的，但是黑琴鸡爸爸"咕噜咕噜"地叫，小黑琴鸡也跟着"咕噜咕噜"地叫。黑琴鸡爸爸"啾唷啾唷"地叫，小黑琴鸡也跟着"啾唷啾唷"地叫。

不过现在它们的叫声已经跟春天时大不相同了。春天时它们好像在叫："卖掉皮袄，买件大褂儿！"现在它们好像在叫："卖掉大褂儿，买件皮袄！"

小鹤排着整齐的队伍飞到了训练场。此时，它们正在学习如何在飞行时保持正确的"人"字形队列。这是它们必须要学会的技能，因为这个队形能让它们在长途飞行时节省不少体力。

在这个队形中，打头阵的是一只身强力壮的老鹤。它是整个队伍的先锋，它会为队伍冲破气浪，带队飞行，所以它在队伍中出力最多、任务最重。

等带队的老鹤飞累了，就会飞到队伍的末尾，它的位置暂由其他强壮的老鹤来接替。

那些年轻的小鹤紧跟其后，一只接一只，头尾相连，按照节拍挥动翅膀。谁的体力好，谁就飞得靠前一些；谁的体力差，谁就飞得靠后一些。"人"字阵可以利用队伍前面的三角尖冲破气浪，就像小船用船头破浪前进一样。

嘎！嘎！

这是带队的老鹤在发出指令，告诉大家："注意，目的地到了！"

鹤一只接着一只，有条不紊地降落到地面。这是田野中的一块空地，小鹤就在这里学跳舞、练体操。它们舒展双腿，时而跳跃，时而旋转，随着节拍做出各种灵活的动作。此外，它们还要进行一种难度较大的训练，用嘴将一块小石子儿抛出，再用嘴将它接住。

它们就是这样为长途飞行进行训练的……

蜘蛛飞行员

如果没有翅膀该怎么飞行呢？自然要想其他的办法了！

几只小蜘蛛就这样变成了热气球驾驶员。小蜘蛛从肚子里吐出一根细丝，将细丝的一头固定在灌木上。微风将细丝吹得摇来晃去，细丝就在空中飘舞着，但微风总也吹不断它。蜘蛛丝像蚕丝一样坚韧，不会轻易被吹断的。

小蜘蛛趴在地上不停地吐丝，蜘蛛丝从灌木上一直垂到地面，把小蜘蛛的身体也缠了起来，像蚕茧一样裹得严严实实。可是小蜘蛛丝毫没有要停下来的意思，它还在不断地吐丝，越吐越多，越吐越长。与此同时，风也变大了。

小蜘蛛用八只脚牢牢地撑住身体，紧紧地抓住地面。

倒数准备！小蜘蛛迎着风走上前去，咬断固定在灌木上的细丝。

一，二，三！一阵风吹来，小蜘蛛迎风跃起，它飞了起来！成了一名飞行员！小蜘蛛像一艘小飞艇一样在半空飞行，飞过草地，飞过灌木丛。这个小飞行员往下观望着，是时候解开身上的细丝找地方着陆了，到底在哪儿降落比较好呢？

现在下面是一片森林，森林中有一条小河，那就接着往前飞吧！

现在它飞到一个小院子的上空，一群苍蝇正围绕着一个粪堆嗡嗡作响。就是这里了！降落！

小飞行员解开身上的蜘蛛丝，用小爪子把蜘蛛丝团成一个小球。它小心翼翼地控制着速度，蜘蛛丝的一端挂在了草叶上，小蜘蛛终于安全着陆了！

小蜘蛛可以在这里安一个新家，好好生活了。

在晴朗干燥的秋天，有很多小蜘蛛就是采用这种方法，利用它们的蜘蛛丝在空中飞行，从一个地方搬迁到另一个地方的。村子里那些老人们看到这些银白色的蜘蛛丝在空中飘舞，就会发出感叹："唉，夏天走了！"

📖 阅读感悟

鸟儿有一个规矩——无论谁先发现敌人，都要鸣叫一声，或吹个响亮的口哨，警告大家疏散开来。鸟儿十分团结，遇到危险时，鸟儿鸣叫提醒可以帮助同伴逃离危险。在我们的学习和生活中，也要有协作精神，"众人拾柴火焰高"。

林中大事记

导 读

　　夏三月的森林有很多神奇的景象，如长满山坡的毒蘑菇、"雪花"纷飞的湖面，还有被红色的草莓妆点的森林边缘区域。除了这些以外，还有贪吃的山羊、胆小的狗熊，请继续往下阅读这些有趣的故事吧！

一只山羊把一片树林都吃光

　　这可不是危言耸听，一只山羊真的把一片树林都吃光了。

　　这只山羊是护林员买回来的。他把山羊带到草地上，拴在一根柱子上。半夜的时候，山羊挣断绳子，逃到树林里了。

一只山羊能去哪里呢？还好附近一带没有狼。

护林员找了三天，还是没有找到山羊的踪影。第四天，山羊自己跑回来了，嘴里"咩咩"地叫着，似乎在和看护人打招呼："你好！我回来了！"

到了晚上，附近的一位护林员急匆匆地过来理论。原来，这只山羊把他负责的那片树林里的松树苗都啃光了！

松树苗尚幼，完全没有能力保护自己，只能任由山羊把它们拔出来吃掉。

山羊最喜欢吃细小的松树苗。松树苗长得很可口，有着小棕榈般纤细的小红色树干，长着扇子似的绿色柔嫩针叶。哪只山羊能抗拒它的诱惑呢！

大松树身上的松针会戳到山羊，它可不敢靠近大松树，就只能欺负松树苗了。

——驻林地记者　维利卡

捉强盗

一群黄色柳莺在森林里到处飞着找食物吃。它们从这棵树飞到那棵树，从这片灌木丛飞到那片灌木丛，它们把森林里的每棵树、每片灌木丛都里里外外搜寻了一遍，又把树叶背面、树皮上、树缝里的青虫、甲虫、蝴蝶、飞蛾，都拽出来吃掉了。

这时，一只黄色柳莺突然惊慌失措地叫了起来。啾唷！啾唷！所有的黄色柳莺立刻警觉起来。原来，树底下有只凶恶的白鼬正沿着树干往上攀爬。[1]它躲在两个树根之间，乌黑的后背若隐若现。它的身子像蛇一样细长而又光滑，来回扭动着，一双阴毒的小眼睛在黑暗中闪烁着诡异的光。

刹那间，所有的黄色柳莺都跟着叫了起来，它们一哄而散，快速地从这棵大树上飞走了。于是，那只白鼬也灰溜溜地消失在了树干之间。

白天的时候还好说，只要有一只黄色柳莺发现了敌人的踪影，其他的黄色柳莺就都能及时逃脱了。但到了夜晚，黄色柳莺都躲到树枝下睡觉了，它们的敌人可没睡！猫头鹰轻轻扇动翅膀，悄无声息地飞来了，它瞄准黄色柳莺的位置，出其不意地用爪子一抓！还在睡梦中的黄色柳莺下意识地四处逃窜，但总有两三只黄色柳莺会命丧于猫

---

[1]见插图八。

头鹰的利爪下。等没有动静了，黄色柳莺又会再次钻进森林深处，它们穿过层层树叶，躲进最隐僻的角落。

密林中央有个粗大的树桩，树桩上长着毛茸茸的蘑菇。

一只黄色柳莺飞到蘑菇前，想看看那里有没有蜗牛可以吃。突然，毛茸茸的蘑菇帽儿升起来了，下面露出一双圆溜溜的眼睛。

这只黄色柳莺定睛一看，这是一张圆圆的猫脸，脸上长着一个钩子般的弯嘴巴。

天哪！黄色柳莺大吃一惊，立刻狂叫起来，其他的黄色柳莺也都跟着惊慌失措了，但没有一只黄色柳莺飞走。黄色柳莺聚集在一起，把树桩团团围住了。

"是猫头鹰！是猫头鹰！救命啊！救命啊！"它们大喊着。

猫头鹰气得嘴巴一开一合的，它也很无奈，自己明明在踏踏实实睡觉，是黄色柳莺自己找上门的，还要围住它并冲它乱吼乱叫。

附近的鸟儿听见黄色柳莺的警报，都从四面八方汇集过来。小小的黄脑袋戴菊鸟从高大的云杉树上飞来，灵巧的山雀从灌木丛里飞来，大家都勇敢地加入了战斗，在猫头鹰的面前盘旋，挑衅般地叫着："捉强盗！捉强盗！你来呀！有本事来捉我们呀！光天化日的，你尽管出手吧！你这个夜行强盗！"

猫头鹰咂咂嘴，又眨眨眼，一脸无可奈何。这大白天的，它也不能把这些聒噪的小家伙怎么样。

鸟儿还在络绎不绝地飞来。柳莺、戴菊鸟和山雀的喧闹声引来一群勇敢又强壮的松鸦，它们长着淡蓝色的翅膀，是森林中颇有资历的鸟儿。

猫头鹰这下可被吓坏了，保命要紧，它赶紧扇动翅膀，溜之大吉。

松鸦紧跟在猫头鹰身后，一路苦追，直到把它赶出了森林。

夜晚，黄色柳莺终于能安心地睡觉了。只是可怜了这只无辜的猫头鹰，经过这番折腾，它大概很长时间都不敢飞回这片森林里了。

草　莓

森林边缘生长的草莓熟透了。鸟儿看到这些成熟的红色草莓，就把它们叼走了。一些草莓的种子被鸟儿播撒到了很远的地方，另一些草莓的种子留在了原地，与母株并排生长在一起。

现在，这株草莓旁已经长出一些伏在地面的细茎，它们就是草莓的藤蔓。藤蔓上有一棵幼小的新植株，刚刚长出一簇复叶[1]和根的胚芽。在同一条藤蔓上长出了三个这样的胚芽。一棵小植株已经扎好了根，另一棵小植株却连梢头都还没发育好。藤蔓以母株为中心向四周蔓延。那些带着子植株的母株都在野草稀疏的地方，如这棵母株，中间是母株，环绕在它周围的是它的子植株，共有三圈，每圈平均有五株。

草莓就是用这样的方式，一圈紧挨一圈地向四周蔓延，日益扩大自己的地盘。

——尼·巴甫洛娃

狗熊被吓死了

一天晚上，猎人从森林里打猎回来。回村庄时，他发现一个黑乎乎的影子正在燕麦田里打转。难道牲口闯进庄

---

[1] 复叶：共同生长在一个叶柄上的两枚至多枚分离的小叶，称为复叶。

稼地了吗？

　　猎人仔细分辨着。燕麦田里的竟然是一只大狗熊！只见它肚皮朝下，在燕麦田里趴着，用两只前掌搂住一束麦穗，美滋滋地吮吸着，嘴里不断有燕麦汁流下来。

　　猎人身上没带枪弹，只有一颗刚才在森林里打猎时剩下的霰弹。这种弹药用来打鸟儿还可以，根本对付不了庞大的狗熊。

　　"无论如何，我是不会放任狗熊偷食燕麦的。"猎人心想，"先放一枪，吓吓它再说，不然它是不会轻易离开的。"

　　猎人装上霰弹，对着狗熊扣动了扳机，随着火星一闪，子弹贴着狗熊的耳边飞过。

　　狗熊被吓了一跳，猛地跳了起来，快速地跃过燕麦田边的灌木丛，还摔了个大跟头，连滚带爬地溜进森林里。

猎人在心里嘲笑狗熊，原来狗熊的胆子这么小！猎人笑了一阵，就回家去了。

第二天一早，猎人不太放心，想去看看燕麦田究竟被狗熊祸害成了什么样子。他来到昨天那个地方一瞧，不禁笑出了声，从燕麦田到灌木丛，再到森林入口，沿路都是熊粪。原来，昨天狗熊被枪声吓得拉肚子了。猎人沿着痕迹一路走去，发现狗熊躺在森林里，已经死去了！

这个森林里最强悍、最凶狠的狗熊，居然被枪声吓死了！

可食用的蘑菇

雨过天晴，蘑菇长了出来。

最好的蘑菇是那些长在松林里的白蘑菇。

白蘑菇又名牛肝菌，长得硕大厚实，蘑菇头是深栗色的，散发着一股诱人的香味。

林间的矮草丛和车辙里也经常生长着牛肝菌。它们有着毛茸茸的球状嫩芽，十分可爱，只是有点儿黏糊糊的，上面不是粘着几片枯树叶，就是粘着几根细草茎。

松林中的草地上生长着一种松乳菇，它是一种棕红色的蘑菇，颜色非常亮丽，距离很远就能看见它那艳丽的外衣。这种蘑菇在松林中到处都是，大的有小碟子那么大，菌盖被虫子咬得满是小洞。最好的松乳菇个头儿中等，肥硕厚实，菌盖中间下凹，边缘向上卷起。

云杉林里也生长着很多蘑菇，云杉树下就生长着白蘑菇和松乳菇，不过它们和松林里的不一样。这里的白蘑菇菌盖颜色发黄，菌柄更为细长。这里的松乳菇颜色与松林里的更是大不相同。这里的松乳菌菌盖不是棕红色的，而是蓝绿色的，并且带着年轮般的圆圈纹理。白桦树和山杨树下也生长着很多特有的蘑菇，它们被称为白桦蘑和杨树牛肝菌。白桦蘑即便在离白桦很远的地方也能生长，杨树牛肝菌却只能生长在山杨树的树根旁。杨树牛肝菌外形美观，亭亭玉立，婀娜多姿，它的菌盖和菌柄就像雕刻作品一样完美。

——尼·巴甫洛娃

毒蘑菇

雨过天晴，地里也长出了不少毒蘑菇。

可食用的蘑菇大部分是白色的，有些毒蘑菇也是白色的，只不过毒蘑菇的白色发暗，需要慎重辨别！白色毒蘑菇是所有毒蘑菇中毒性最强的一种，比蛇毒还可怕，人如果误食了这种毒蘑菇，就性命难保。

所幸，白色毒蘑菇并不难辨认。与可食用的蘑菇相比，它的菌柄上细下粗，就像一个细口花瓶。白色毒蘑菇和伞菇的菌盖都是白色的，很容易被弄混，其实，伞菇的菌柄就是普普通通的样子，与白色毒蘑菇细口花瓶般的菌柄完全不同。

白色毒蘑菇与蛤蟆菌外形最相似，甚至有人直接将白色毒蘑菇称为白色蛤蟆菌。如果用素描铅笔把它们画出来，的确很难分辨哪个是白色毒蘑菇，哪个是蛤蟆菌。它们的菌盖上都长着白色碎片，菌柄上围着一条衣领子状的东西。

胆汁菇和鬼蘑菇也是毒性很烈的毒蘑菇，它们也很容易被认作白色毒蘑菇。只不过，它们的菌盖背后是粉红色的，白色毒蘑菇却是白色或浅黄色的。掰开胆汁菇和鬼蘑菇的菌盖，它们的菌盖里是粉红色的，之后就转为黑色了，而白色毒蘑菇的菌盖里是白色的。

——尼·巴甫洛娃

"暴雪"纷飞

昨天，我们这里的湖上"暴雪"纷飞。"雪花"在空中飞舞，在即将落入湖面时又盘旋着升起，继而又从高空散落下去。此时，晴空万里，无风无云，阳光炙烤着大地，热浪翻滚，但湖面上却"暴雪"纷飞！

今早，湖面上和湖岸边都撒满了雪花般的絮状物，干巴巴的。

这场"暴雪"真是奇特，热烈的阳光晒不化它，也无法反射它的光芒。而且，这"暴雪"温暖而又易碎。

我们走到岸边去一探究竟。原来，这些絮状物根本不是雪，而是成千上万只长着翅膀的小昆虫——蜉蝣。

它们曾在黑暗的湖底待了整整三年，昨天才刚刚从湖底出来。这些蜉蝣以淤泥和臭烘烘的水藻为食，过去的一千多个日夜，它们还是模样丑陋的幼虫，在湖底的淤泥里蠕动，生活在不见天日的黑暗里。

昨天，它们终于爬上岸，蜕掉难看的幼虫皮，舒展开轻巧的翅膀，拖着三条又细又长的尾巴，飞上了天空。

蜉蝣被称作"一日虫"，因为它们的寿命极其短暂，只有一天。它们十分珍惜这短暂的时光，尽情地在空中舞蹈，享受生命的欢乐。一整天它们都在阳光下跳舞，如同片片雪花在空中飞舞。雌蜉蝣时而落到湖面上，把它们那小小的卵产在水里。

夕阳西下，夜晚将至，湖岸和湖面上漂满了蜉蝣的尸体。

雌蜉蝣产的卵会孵化成幼虫。幼虫又将在黑暗的湖底待上三年，一千多个日夜，而后享受着短短一天的生命，在湖面的上空翩翩起舞。

白野鸭

湖心飞来一群野鸭，我在岸上观察它们。这是一群有着纯灰色羽毛的野鸭，然而，我惊奇地发现在它们中间有一只白野鸭，它那浅色的羽毛在一片灰色中格外显眼。它总是待在野鸭群最中间，其他野鸭似乎在保护它。

我用望远镜仔细观察了一阵，这只白野鸭浑身长着乳白色的羽毛。当早晨的太阳从乌云后面探出头来，变得明亮时，这只白野鸭瞬间变得十分耀眼，在野鸭群里显得格格不入，但是它又与其他地区的野鸭别无二致。

在五十年的狩猎生涯中，我还是第一次见到患白化病的野鸭。患有这种病症的动物，因为血液里缺乏色素，一生下来皮毛就是白色或很淡的颜色，并且终生都会这样。毛色是重要的保护色，可以帮助动物伪装，让它们不那么容易被敌人发现，而患有白化病的动物等同于失去了这种天然的保护色。

这只白野鸭能侥幸活到现在真是个奇迹，不知它是如何在猛禽的利爪下逃生的。我自然也想捉住它，不过现在我可办不到，这群野鸭之所以落在湖心休息，就是为了防止人们近距离朝它们开枪。我开始坐立难安，一心想找机会在岸边遇到这只毛色奇特的白野鸭。

没想到，机会很快来了。

这天，我正沿着湖边窄窄的水湾散步，几只野鸭突然从草丛中飞了出来，其中就有那只白野鸭。我朝它举起了枪，然而就在开枪的一瞬间，一只灰野鸭挡在了白野鸭的前面。灰野鸭被我打死了，坠落在地上。白野鸭和其他野鸭一起慌忙逃走了。

这应该是偶然吧？谁知，那年夏天，我又在湖心和水湾里偶遇过几次这只白野鸭，它的身边总有几只灰野鸭陪伴，灰野鸭像保镖一样保护着白野鸭。我每次朝白野鸭开枪，都会有一只灰野鸭"偶然"挡在它的面前，为它献出生命，而白野鸭每次都能安然无恙地从猎枪下逃脱，在它同伴的掩护下飞走了。

我始终没能打到它。

——维·比安基

🦋 **阅读感悟**

蜉蝣也被称作"一日虫"，厚积薄发的蜉蝣，花了三年的时间在湖底积蓄力量，就为了有一天可以飞出湖底，感受阳光。我们在学习和生活中，也应该多花时间积累知识，不能急功近利。

绿色朋友

导 读

　　你知道应该选择哪些树种来造林吗？接下来我们将阅读到哪些树种被选来造林，以及机器如何造林、人工湖如何建设。树木是我们的绿色朋友，只有种植树木，才能抵御干旱和土地沙漠化。

我们应该选种哪些树

你知道应该选择哪些树种来造林吗？

我们精选了十六种乔木和十四种灌木的树种，准备在全国各地栽种。

这其中最主要的树种有栎树、杨树、白蜡树、白桦树、榆树、槭树、松树、落叶松、桉树、苹果树、梨树、柳树、花楸树、洋槐、锦鸡儿、野蔷薇及醋栗树。

大家都应该掌握并且牢记这些树种的知识。

——驻林地记者　彼·拉甫洛夫、谢·拉里奥诺夫

机器造林

要种植大面积的乔木和灌木林，光靠人工栽种是不可能完成这个任务的。

所以我们发明了各种巧妙实用的播种机。这些机器不仅能播种树种，还能栽种树苗，甚至能栽种大树。此外，还有适合栽种成片森林带的机器，有在峡谷边造林的机器，有挖掘池塘的机器，有平整土地的机器，甚至还有照顾树苗的机器。

人工湖

在北方，有众多河流、湖泊和池塘，所以即便夏天的

时候也不会太过炎热和干旱。但是我们克里米疆区就不一样了，我们这里池塘很少，湖泊更是鲜见。只有一条小小的河流，夏天一到，水位就浅得只到脚踝，甚至几近干涸。

过去，我们集体农庄的果园和菜园经常闹旱灾。现在一切都好了，为了解决果园和菜园闹旱灾的问题，我们新挖了一个储水量达五百万立方米的大水库，足以令周围五百公顷的土地得以有效灌溉，大水库里还可以用来养鱼和水禽。

——克里米疆区中学生　普罗西科·卡巴特西科

我们也要造林

我们沿着伏尔加河种植了防护林，防护林由成千上万棵小栎树、小槭树和小榆树组成，横穿了整个草原。如今，这些小树苗长得还不够苗壮，还要面临害虫、啮齿动物和热风的侵害。

我们学校的学生决定帮助大人们保护这些小树，使它们免受侵害。

一只椋鸟每天能消灭二百克蝗虫。如果让椋鸟在防护林里居住，就能为防护林带来极大的好处。我们和乌斯切库尔郡、普里斯坦等地的孩子们在防护带附近一共搭建了三百五十个椋鸟房。

金花鼠及一些其他啮齿动物会破坏小树苗。我们将和农村的小伙伴们一起，采用往鼠洞里灌水、用捕鼠夹等方式消灭它们。我们正在马不停蹄地制作大量捕鼠夹。

我们这里的集体农庄肩负起了防护林的补种工作。我们需要大量树苗。今年夏天，我们将收集数千株树苗。乌斯切库尔郡、普里斯坦等地的学校，将会开辟苗圃，为防护带培育栎树、槭树等树苗。我们将和农村的小伙伴们一起，组成防护林巡逻队，专门保护这些小树苗，使它们免遭践踏和破坏。

——萨拉托夫男校第 63 班学生

帮助复兴森林

我们少先队参加了植树造林活动，正在收集树木的种子，将树木的种子交给集体农庄和护田造林站。我们在校园里开辟了一个小苗圃，栽种了橡树、枫树、山楂树、白桦、榆树等许多树种。这些树的种子都是我们自己采集来的。

——中学生　嘉·斯米尔洛娃、尼·阿尔卡吉耶娃

园林周

政府决定每年都在农村和城市举办园林周。中部和北部各州的园林周在十月初举办，南方各州的园林周在十一月初举办。

第一届园林周举办时，各地集体农庄都新开辟了好几千个花园。农场、农业机械站、学校、医院等单位，公路和大街两旁，集体农庄庄员、工人、职员的家里附近的空地上，新栽种了好几百万棵果树。以后每次举办园林周的时候，苗木场都会培育好几千万棵苹果树苗、梨树苗和无数浆果树苗。那些先前没有果园的地方，目前也已经着手开辟果园了。

——塔斯社　列宁格勒讯

林间大战（续前）

导读

我们的森林记者又来到了第四块林间空地，云杉凭借着顽强的生命力，存活了下来。趁着山杨树和白桦树毫无察觉，云杉马不停蹄地疯长。现在云杉已经和它们一样高了，但是林间大战还没有结束，请继续往下阅读！

我们的森林记者来到了第四块林间空地。根据记者得到的消息，这块空地的树木大约是在三十年前被砍伐一空的。

有些山杨树和白桦树已经长得十分高大，有些孱弱的山杨幼苗和白桦幼苗由于长期见不到太阳，已经死掉了。在低矮的地方，只有云杉还顽强地活着。

高大健壮的山杨树和白桦树并没有把低矮处的云杉放在眼里，它们继续和那些与自己一样高大健壮的同类争夺地盘。只要有一棵树长得比身旁的树高，它就会用枝叶来压制对方的生长。

被压制的树木就慢慢干枯倒下了，这些树叶帐篷上方就有了空隙，阳光毫无遮拦地从空隙中倾洒下来，径直落在低矮处的云杉的身上。

刚开始，云杉经历了太久的暗无天日，还有点儿不适应阳光，无精打采了一阵。过了一段时间，云杉完全适应了阳光，开始肆无忌惮地生长！它们身上的针叶换掉了，取而代之的是新长出来的针叶。

山杨树和白桦树对此毫无察觉，云杉马不停蹄地疯长着，等到山杨树和白桦树回过味来，它们早已来不及修补那些让阳光倾泻的空隙。

幸运的云杉此时已经和高大的山杨树、白桦树一样高了。那些原本就强壮、多刺的云杉，也加入进来，把长矛似的尖梢伸到最高处。

粗心大意的山杨树和白桦树此时后悔不迭，它们让如此可怕的敌人入住了自己的地盘。

我们的森林记者亲历了这一场激烈的白刃战！

强劲的秋风刮来，森林里所有的树木都在逼仄的环境中兴奋起来。阔叶树扑到云杉身上，用树枝狠狠地抽打着云杉。

平日里唯唯诺诺、谨小慎微的山杨树，此时也稀里糊涂地挥舞起枝条，想把云杉那黑黝黝的针叶抓断。但是山杨完全不是云杉的对手，它们的枝条太脆弱，很容易就被云杉折断了。

白桦树不像山杨树那样只会小打小闹，它们体格好、力气大，枝条坚韧。平日里微风刮过的时候，它们那弹簧似的手臂就会随之乱舞，周围的树木都要礼让它们三分，否则被它们撞一下可就完了！

白桦树开始与云杉肉搏了，这是一场惊心动魄的激战。白桦树甩动坚韧的枝条，抽打着云杉，将云杉的针叶击断。紧接着，白桦树揪住云杉的手臂，又朝云杉撞去，云杉就被白桦树撞掉了一层皮。

面对山杨树的进攻，云杉还能招架得住，但是白桦树的攻势显然要迅猛许多，云杉是否还能抵挡呢？云杉是一种非常坚硬的树木，它们不易折断，也不易弯曲，但它们没法用直挺挺的针叶树枝去抵抗。

想要知道林间大战的结果如何，需要等上很多年。于是我们的森林记者决定去找林间大战已经结束的地方看一看。

他们在哪里能找到这种地方呢？我们将在下一期《森林报》中报道。

📖阅读感悟

"世上无难事，只怕有心人。"云杉不放弃生长，在白桦树和山杨树的猛烈攻势下，依旧顽强坚持着。我们在生活中遇到困难，也不要轻言放弃，再坚持一下，或许就能看到希望。

农庄纪事

导读

　　集体农庄的庄员们到了最忙的时候！他们不仅要在田地里收割庄稼，还要给田地除草。聪明的庄员们使用迷惑战术，成功将杂草给迷惑住了。快往下阅读，看看是什么迷惑战术这么有效果！

　　我们这里的庄稼大部分已经收割完了，现在到了最忙的时候。

　　我们依次收割完了黑麦、小麦、燕麦，现在到收割荞麦的时候了。

　　拖拉机在田地里轰鸣，秋播作物已经播种完毕，现在集体农庄的庄员们正忙着翻耕土地，准备来年的春播。

浆果已经过季了，果园里的苹果、梨和李子成熟了，森林里到处都是成熟的的蘑菇，长满青苔的沼泽地上尽是红透了的蔓越莓。集体农庄里的孩子们已经迫不及待地用棍子将一串串沉甸甸的山梨打落下来。

灰山鹑一家可遭殃了：它们刚从秋播作物的田地搬到春播作物的田地不久，现在又得从这块春播作物的田地转移到另一块田地了。

灰山鹑一家识趣地躲进了种土豆的田地，这样就没人来打扰它们了。可现在，庄员们又来这里挖土豆了。土豆收割机一发动，孩子们将篝火燃起，在地里搭起锅灶，就地取材开始烤土豆吃。孩子们的脸上都黑黢黢、脏兮兮的！

为了保命，灰山鹑一家不得不再次离开了。现在，它们的孩子已经长大了，禁止捕猎灰山鹑的命令已经解禁了。灰山鹑得重新找个藏身、觅食之地呀！可是它们该去哪里寻找呢？现如今各处的庄稼都收割了，田地里都光秃秃的。不过，这时候黑麦已经长得很高了，黑麦田是个不错的去处，那里可以觅食，还可以躲避猎人敏锐的眼睛。

幸运地躲过灾祸

8月26日，我赶着大马车去运些干草回来。走着走着，我突然看到前面的一堆枯树枝上蹲着一只猫头鹰。猫头鹰并未留意我，而是目不转睛地盯着枯树枝堆，一动不动。我觉得事有蹊跷，便走下马车，向前走了几步，顺手捡起一根树枝，朝猫头鹰掷去。猫头鹰吓得扑棱着翅膀飞走了。它刚一飞走，枯树枝堆下就钻出了十几只鸟儿。原来它们藏在枯树枝里是为了躲猫头鹰。

——《森林报》通讯员　列·波里索夫

集体农庄新闻

迷惑战术

麦子已经收割完毕，田地里只剩一些鬃毛似的麦秆，田地的敌人——杂草隐藏了起来。杂草的种子落到田地里，长长的根藏进了地下，等到明年春天，人们翻耕完土地，杂草就会翻身，开始阻碍土豆的生长。

庄员们决定略施小计，迷惑杂草。他们把松土用的锄耕机开过来，把杂草根剪断，把杂草的种子翻进田地里。

此时天气暖和，田地里的土壤松软，杂草还以为春天到了，就肆无忌惮地生长起来。于是，杂草的种子发芽了，田地里一片绿意盎然。

庄员们乐见其成，并不去理会这些杂草，他们静候秋末时节，把田地再翻耕一遍，将杂草的草根全部暴露出来。这样，杂草就无法平安度过严寒了，它们会被冻死，再也无法伤害土豆了！

一场虚惊

森林边上来了一帮人，他们在地上铺了很多干枯的树枝，林中的动物不明所以，还以为这是一种新的捕兽器呢！林中的动物都提心吊胆起来。

其实这完全是一场虚惊，这帮人并没有恶意。他们是集体农庄的庄员，他们在地上铺的是亚麻。他们这么做是为了让亚麻在这里经受雨水和露水的浸润。时间久了，亚麻被雨水和露水浸润，就很方便取出茎里的纤维了。

瞧这一家子

五一集体农庄里有一只健壮的母猪，名叫杜什加，它产下了二十六只小猪！今年二月的时候，它才产下十二只小猪。现在，它的孩子真是太多了，真是个热闹的家庭！

公　愤

黄瓜地里群情激奋，黄瓜在抱怨："这些庄员们实在太可恶了，隔三岔五就来咱们这儿一趟，把嫩黄瓜全都摘走，难道就不能让我们顺顺利利地成熟吗？"

但是，无论黄瓜如何抱怨，庄员们都不会手下留情的，他们只留下一小部分黄瓜当种子，其他黄瓜都会在最嫩的时候被摘走。嫩黄瓜鲜美多汁，特别可口，黄瓜成熟之后就不好吃了。

帽子的样式

现在，林间空地上和道路两旁长满了棕红色的蘑菇。那些生长在松林里的棕红色蘑菇最好看，它们肥厚结实，颜色红艳，菌盖上长着一圈一圈的花纹。

孩子们说，这种菌盖的样式模仿了人类的草帽。确实真有点儿类似。

牛肝菌的菌盖就不一样了。它们的菌盖与人类的草帽并无相似之处，它们的帽子黏糊糊的，让人感觉不舒服，无法产生好感，谁都不会去买这样的帽子的。

失　算

一群蜻蜓飞到集体农庄的养蜂场里捉蜜蜂吃，不过它们扑空了，蜂巢里连一只蜜蜂的影子都没有。蜻蜓有点儿失望，抱怨道："真奇怪，养蜂场里怎么一只蜜蜂都看不见？"

蜻蜓不知道，七月中旬以后，蜜蜂就跑到丛林中了，那里盛开着帚石楠花，它们去那里采蜜了。

等到帚石楠花凋谢，它们在那里酿好黄澄澄的蜂蜜后，才会搬回来。

——尼·巴甫洛娃

阅读感悟

　　在上面的故事里，我们读到一群鸟儿为了躲避猫头鹰的追捕，而躲在枯树枝堆下。鸟儿遇到危险时冷静思考，懂得利用周围的环境来保护自己，才幸运地躲过灾祸。遇到危险的时候，我们也不能慌张，要像鸟儿一样思考对策，沉着应对。

打靶场：第六次竞赛

1. 在水里，有一条鱼在自由地游着，你知道它有多重吗？

2. 蜘蛛在蛛网的旁边埋伏着，它是如何得知蜘蛛网捕获到了猎物的？

3. 哪种野兽会飞？

4. 在白天，鸟儿们发现了猫头鹰，它们会怎样做？

5. 蜘蛛什么时候才可以飞行？是怎样飞行的？

6. 什么样的昆虫（成虫）没有嘴？

7. 为什么家燕和雨燕在晴天飞得很高，在阴天飞得很低，甚至贴着地面飞？

8. 在下雨前，为什么家鸡要梳理自己的羽毛？

9. 如何通过观察蚂蚁的巢穴，来判断天是否会下雨？

10. 蜻蜓的食物是什么？

11. 什么动物喜爱吃树莓？

12. 夏天，最适合观察鸟儿的脚印的地方是哪里？

13. 在我们这里，最大的啄木鸟的颜色是什么颜色的？

14. 什么是"鬼喷烟"？

15. 谜语：身上带着剪刀，像个裁缝；身上带着猪鬃，像个鞋匠。

16. 谜语：整个身体分成三部分，头已经放在餐桌上，躯体躺在院子里，脚还在田地里。

17. 谜语：穿上它的皮，扔了它的肉，吃下它的头。

18. 谜语：一位农民，身穿金衣，腰缠黄丝带，躺在地上，起不来，等人来抬。

19. 谜语：我们相隔很远，我们喜欢聊天。我不开口说话，却能把话答。

20. 谜语：没有任何惊吓，它却浑身抖动。

21. 谜语：什么草儿长得奇怪，盲人也可以认出它？

22. 谜语：什么东西长在麦田里，但却不能吃？

23. 谜语：出生在水里，居住在地上，坐在那儿，瞪着眼睛。

公告栏："火眼金睛"称号竞赛（五）

寻找椋鸟

椋鸟不见了？白天，在田地里和草地上，也能见到它们。晚上，却不知它们去哪儿了。小椋鸟刚学会飞，就抛弃了家，也从没回来过。如有知情者，请告诉我们！

《森林报》编辑部

向读者问好

我们是从北冰洋沿岸和其他的小岛飞到这里来的，那里的许多海狮、白熊、海象、格陵兰海豹和鲸，都要求我们向读者问好。

我们还可以把读者的问候，带给非洲狮子、河马、斑马、鳄鱼、鸵鸟、鲨鱼和长颈鹿。

飞到这里的游客：沙锥、野鸭和海鸥。

这是谁的影子

下面的 4 幅图中，哪种是雨燕，哪种是家燕？

如果你坐在空地上、田野里、山坡上或河岸边上，太阳高高挂着。你的头顶有许多猛禽飞过，在地面上或河面上，它们的影子很快就掠过。

如果你的眼睛很锐利，已经看清楚了，你不用抬起头，根据掠过的影子，你就可以辨认出是哪种猛禽。

图一 图二

图三 图四

这是一个快速掠过、浅淡的影子。翅膀比较窄，很像镰刀，尾巴比较长，而且很圆。图五是什么鸟儿？

图五

这只鸟儿的影子和图五的很相像，它的影子稍微宽了一些，翅膀比较厚，尾巴很直。图六是什么鸟儿？

图六

这只鸟儿的影子比较大，翅膀更宽厚一些，尾巴很像扇子，又尖又圆。图七是什么鸟儿？

图七

影子也比较大，翅膀弯曲，尾巴尖，上面还有个缺口。图八是什么鸟儿？

图八

影子更大一些，翅膀折成了三角形，翅膀尖上好像是剪去了一点，尾巴两边成了直角。图九是什么鸟儿？

图九

影子非常大，翅膀也非常宽大，翅膀尖像是伸开的五个手指。头和尾巴都比较小。图十是什么鸟儿？

图十

附　录

打靶场答案

打靶场：第四次竞赛

1. 6 月 21 日。这是一年中白昼最长的。

2. 刺鱼。

3. 老鼠。

4. 勾嘴鹬。

5. 这些蛋与沙子和鹅卵石的颜色相同。可以躲避天敌的袭击。

6. 蝌蚪先长出后脚。

7. 刺鱼有 5 根刺。3 根长在背上，2 根长在肚子底下。我们这里还有长出 9 根刺的刺鱼。

8. 家燕的巢入口在顶部，金腰燕的巢入口在侧面。

9. 因为如果鸟巢里的蛋有人动过，这些鸟儿就会丢弃这个鸟巢。

10. 有。

11. 翠鸟。

12. 因为这些鸟儿把搭巢的那棵树上的青苔，装饰在巢的外面，把巢伪装起来了。

13. 并非都是这样。有一些鸟（燕雀、金翅雀、柳莺）孵 2 次小鸟，还有一些鸟（麻雀、鸱鸟）一个夏天孵 3 次小鸟。

14. 有的。在长有青苔的沼泽里，生长着一种毛毡苔，它的叶子非常黏，如果有蚊子、小飞蛾或其他昆虫落到上面，就会被它吃掉。在小河或湖泊中，生长着一种狸藻，它长有一个捕虫囊，如果小虫、小虾和小鱼钻了进去，就会被它捉住。

15. 银色水蜘蛛。

16. 杜鹃。

17. 黑云。

18. 割草：割下草儿，堆成草垛。

19. 麦穗。

20. 青蛙。

21. 影子。

22. 山羊。

23. 回声。

24. 刺猬。

打靶场：第五次竞赛

1. 在雏鸟还未出世前，嘴巴上面长有一个硬疙瘩，雏鸟就是用这个东西啄破壳的。这个硬疙瘩被称为"啄壳齿"。雏鸟出生后，这个硬疙瘩自然就脱落了。

2. 长有长长尾巴的牛经常吃得饱。因为在吃草的时候，它可以用尾巴赶走令它反感的牛虻和牛蝇。如果牛没有了尾巴，就无法把牛虻和牛蝇赶走了，只能靠晃脑袋驱赶牛虻和牛蝇，或者换到别处去吃草，这样，它吃草就会变少。

3. 因为这种蜘蛛的脚比较长，很容易折断。走路的动作，好像是在割草。

4. 夏季。因为这个时候，雏鸟和无力的小鸟比较多。

5. 鸟类。

6. 许多昆虫都是这样的，如蝴蝶，它是先产下卵，由卵变成幼虫，再由幼虫变成蛹，最后由蛹变成蝴蝶。

7. 因为鹅背上的羽毛上面覆盖着一层油脂，所以，水落到了鹅身上，就会滑下去，没什么影响。

8. 因为狗身上没有汗腺，而马身上有。狗吐舌头是为了更好地散热。

9. 杜鹃的幼鸟。杜鹃产下蛋以后，就把蛋放到别的鸟巢里，让其他鸟来帮它们孵蛋、喂养幼鸟。

10. 歪脖鸟。

11. 小白嘴鸦的嘴巴是黑色的，而老白嘴鸦的嘴巴是白色的。

12. 刺鱼。

13. 蜜蜂蜇了人后，它就死去了。

14. 吃蝙蝠妈妈的奶。

15. 向着太阳的方向，也就是正南方。

16. 早上，亚麻开淡蓝色的小花，到中午的时候花就谢了，只剩下绿色的亚麻叶。

17. 雷和闪电。

18. 红色的蘑菇，也就是牛肝菌。

19. 野蔷薇的浆果。

20. 蝰蛇。

21. 露水。

22. 蚂蚁。

23. 蜗牛。

24. 野蔷薇。

打靶场：第六次竞赛

1. 鱼的体重刚好与自身排出的水量相等。

2. 蜘蛛在蛛网旁埋伏着，用一只脚抓住绷紧的蛛丝一头，丝的另一头粘在蛛网上。如果有猎物落在了蛛网上，蛛网就会震动起来，那根绷紧的蛛丝也会震动，这样，蜘蛛也就知道有猎物落网了。

3. 蝙蝠。在我们这里，还有会飞的鼯鼠，它可以飞出十几米远，它的脚趾间有薄膜。

4. 它们会一齐飞起来，大叫着，向猫头鹰冲过去，直到把它赶走。

5. 在秋天，天气晴朗的日子里，风会把蛛丝吹起来，蛛丝会把身材娇小的蜘蛛带到空中去。

6. 蜉蝣。

7. 因为家燕和雨燕一边飞行，一边捕捉小虫、蚊子和小昆虫。在晴天，空气比较干燥，这些小昆虫就飞得很高。在阴天，空气中的水分多，那些小昆虫就飞不高了。

8. 在下雨前，家鸡会把尾骨腺分泌的油脂涂在羽毛上防雨。尾骨腺在鸡的尾部。

9. 在下雨前，蚂蚁会藏进巢穴，把所有的入口都堵上。

10. 蜜蜂，以及各种小飞虫。

11. 熊。

12. 最适合的观察地是稀泥和污泥上，或是河岸、湖岸、池塘边。许多鸟儿飞到这里，它们都留下了脚印。

13. 最大的啄木鸟身上的羽毛是黑色的，而头部的冠毛是红的。

14. 马勃菌的芽孢。成熟的马勃菌，只要被轻轻碰触，就会破裂，喷出一团烟雾，所以，人们都叫它"鬼喷烟"。

15. 虾。

16. 麦穗。麦秸秆在场地里，麦粉做的面包在餐桌上摆着，麦根留在了田地里。

17. 亚麻。用亚麻皮可以搓成绳子，剥掉后的茎秆没有多大用途，也就扔掉了。它的头就是亚麻籽，可以榨油。

    18. 一捆捆麦秸。

    19. 回声。

    20. 山杨树。

    21. 荨麻。

    22. 矢车菊。

    23. 青蛙。

"火眼金睛"称号竞赛答案

竞赛（三）

图一中的左图是啄木鸟的洞。请注意：在洞下面的地上，有许多的木屑，好像是刚锯下来的。这些木屑是啄木鸟在造房子时，用自己的嘴巴凿掉的。树干上非常干净，一点儿都没弄脏。啄木鸟非常爱干净，把自己的家里整理得非常整洁。

图一中的右图是椋鸟在树洞里孵出了雏鸟。树下没有新木屑，整个树干上全都是熟石灰一样的鸟屎。

图二是鼹鼠洞。鼹鼠生活在地下，夏天它会爬到离地面较近的地方，把那里的土扒得很松软，再堆成一个小土堆，自己就躲在里面不出来。

图三是灰沙燕的洞穴。它们在砂岩上挖洞，来建造自己的房子。有人认为，这是雨燕的洞，可是雨燕从不会在这样的洞里建房。雨燕的房子建在顶楼上、钟楼上、较高的树洞里、岩石上和椋鸟巢里。

图四是松鼠巢。它是用树枝搭建的，呈一个圆形，里面铺上了一层青苔，有些青苔在外面露着。当你看到外面有青苔，马上就知道了，这不是鸟巢。

图五是獾挖的洞，可是狐狸却住在里面。一看就知道，这是具有高水平挖洞技巧的兽挖的，这个洞有很多个出入口，每一个都完好无损。可是洞口却有许多家鸡和黑琴鸡的骨头、啃过的兔子的脊梁骨。这些杂乱的东西，是狐狸吃剩下的。

图六也是獾挖的洞，它就住在里面。獾是非常爱干净的野兽。在它居住的地方，没有一点儿脏的地方。它的食物是软体青蛙和嫩植物的根。

竞赛（五）

图一、图二分别是灰沙燕和雨燕。在我们这里，雨燕是最大的一种燕子，它的翅膀非常大，看上去很像镰刀。

图三、图四分别是金腰燕和家燕，家燕的尾巴像两根小辫子。

图五是在空中飞着的红隼的影子。

图六是在空中飞着的老鹰的影子。

图七是在空中飞着的兀鹰（鹱鹕、秃头鹰）的影子。

图八是在空中飞着的黑鸢的影子。

图九是在空中飞着的河鸮的影子。

图十是在空中飞着的雕的影子。

请把这些鸟的影子画在笔记本上，并牢记它们。

重点：隼的翅膀是尖的，很像一把镰刀；老鹰的翅膀弯曲；兀鹰的尾巴比较尖，还有些圆；黑鸢的尾巴有个三角形的缺口；河鸮的翅膀呈三角形，尾巴比较直，好像是被砍了一段；雕的翅膀非常宽大，翅膀尖上的羽毛是分开的。

扫二维码，下载《森林报·夏》题库

童趣文学 经典名著阅读

中国现当代文学

《繁星·春水》　　　　《寄小读者》　　　　《小橘灯》
《宝葫芦的秘密》　　　《大林和小林》　　　《城南旧事》
《呼兰河传》　　　　　《稻草人》　　　　　《骆驼祥子》
《朝花夕拾》　　　　　《鲁迅杂文》　　　　《最后一头战象》
《背影》　　　　　　　《神笔马良》

中国古典文学

《三国演义》　　　　　《水浒传》　　　　　《红楼梦》
《西游记》

经典国学

《中国古今寓言》　　　《中国古代神话故事》　《唐诗三百首》
《中国民间故事》　　　《畅学古诗词 75+80 首》《千字文》

外国经典文学

《爱的教育》　　　　　《木偶奇遇记》　　　　《格林童话》
《绿山墙的安妮》　　　《汤姆·索亚历险记》　《吹牛大王历险记》
《绿野仙踪》　　　　　《猎人笔记》　　　　　《钢铁是怎样炼成的》
《假如给我三天光明》　《格兰特船长的儿女》　《鲁滨孙漂流记》
《老人与海》　　　　　《爱丽丝漫游奇境记》　《地心游记》
《安徒生童话》　　　　《名人传》　　　　　　《八十天环游地球》
《昆虫记》　　　　　　《福尔摩斯探案集》　　《简·爱》
《童年》　　　　　　　《海底两万里》　　　　《荒野的呼唤》
《西顿野生动物故事集》《克雷洛夫寓言》　　　《列那狐的故事》
《尼尔斯骑鹅旅行记》　《长腿叔叔》　　　　　《小飞侠彼得·潘》
《伊索寓言》　　　　　《小鹿斑比》　　　　　《森林报·春》
《森林报·夏》　　　　《森林报·秋》　　　　《森林报·冬》
《居里夫人自传》　　　《小王子》　　　　　　《海蒂》
《安妮日记》